ORDONNANCE

DES CINQ ESPECES

DE COLONNES

SELON LA METHODE

DES ANCIENS.

Par M. PERRAVLT de l'Academie Royale des Sciences, Docteur en Medecine de la Faculté de Paris.

A PARIS,

Chez **JEAN BAPTISTE COIGNARD** Imprimeur & Libraire
ordinaire du Roy, ruë S. Jacques, à la Bible d'or.

M. DC. LXXXIII.

AVEC PRIVILEGE DE SA MAJESTE.

A MONSEIGNEUR
COLBERT
MARQUIS DE SEIGNELAY,
BARON DE SEAUX, &c.

MINISTRE ET SECRETAIRE D'ESTAT
& des Commandemens du Roy, Commandeur, & Grand
Threforier des Ordres de Sa Majefté, Contrôleur General
des Finances, Surintendant & Ordonnateur General des
Baftimens & Jardins de Sa Majefté, Arts & Manufactures
de France.

ONSEIGNEVR,

*Aprés avoir travaillé par vos Ordres à la tra-
duction & à l'explication de Vitruve, avec un fuccez*

que je dois principalement au jugement que Vous avez
fait de cet Ouvrage, & que je n'aurois jamais osé esperer
si je ne m'estois fié à ce pouvoir incroyable, que vostre
conduite & vos soins ont ordinairement de faire reüssir
tout ce que Vous entreprenez ; le Livre que je prens
la liberté de Vous presenter aujourd'huy ayant un pareil
avantage, dans le bonheur que son dessein tout hardi &
tout extraordinaire qu'il est a reçû de vostre approbation, je le donne au public avec la mesme confiance.
Comme c'est une espece de supplément à ce qui n'a pas esté
assez particulierement traité par Vitruve, il y a apparence que les curieux du bel Art que ce Sçavant Auteur
nous a enseigné, verront avec plaisir les nouveautez que
ce Livre contient, & que ceux qui voudront pratiquer
ses regles, trouveront une utilité considerable, dans la
facilité qu'elles apportent aux choses qui avoient de coûtume de leur faire plus de peine. Car pour satisfaire aux
intentions que Vous avez, de donner aux amateurs de
l'Architecture tous les moyens possibles pour s'y perfectionner & se rendre capables de contribuer par des
monumens éternels à la gloire de nostre invincible
Monarque, ce n'estoit pas assez d'avoir tiré d'une obs-
curité presque impenetrable, tant de raretez renfermées
dans les excellens Livres de Vitruve, d'avoir fait expliquer à cet Auteur avec une clairté qu'il n'avoit pas
auparavaut, les principes & les preceptes de l'Art de
bastir, & les particularitez de ces anciennes merveilles
du monde qu'il nous a décrites : il falloit encore de-
broüiller l'embarras & la confusion où les Auteurs
Modernes ont laissé la plus grande partie de ce qui

appartient

appartient aux cinq especes de Colonnes, où il ne se trouve presque aucune regle certaine, les Auteurs estant differens & ne s'accordant point sur les proportions que doivent avoir ces belles parties, qui font tout l'ornement & toute la majesté des grands Edifices. Mais MONSEIGNEVR quelque difficulté que je prevoye à faire recevoir les moyens que je propose pour renfermer ces proportions dans des regles certaines, à cause de la grande estime que l'on a avec raison, pour ceux qui sont d'une opinion contraire à la mienne, & dont les Ouvrages si generalement approuvez semblent en quelque façon s'opposer à mon dessein ; je suis neanmoins persuadé qu'il ne paroistra pas tout à fait temeraire, quand on sçaura que Vous ne l'avez pas desaprouvé. Ie marque ces particularitez MONSEIGNEVR à cause de l'interest que j'ay que le public en soit informé, mon Livre ayant besoin d'une autorité telle que la vostre. Ie ne manquerois pas aussi d'expliquer quelle est cette autorité, si comme on peut ignorer que j'ay l'avantage d'en estre appuyé, on pouvoit douter quel en est le poids. Les grandes lumieres de ce vaste genie, qui vous rend capable de toutes sortes de connoissances, ont assez éclaté pour faire sçavoir depuis long-temps à tout le monde, que les choses les plus relevées qui occupent ordinairement vostre esprit, ne le remplissent pas tellement qu'il n'y reste assez de place pour de moins importantes ; & l'on ne sçauroit manquer d'estre persuadé que l'Architecture cette Reine des beaux Arts, tient une des premieres places entre ceux pour qui Vous avez le plus d'inclination, si l'on considere les excellens Ouvrages achevez

a

EPISTRE.

par vos ordres en un ſi grand nombre & en ſi peu de temps, avec l'admiration des intelligens, & l'extrême ſatisfaction de tous ceux qui ſont paſſionnez pour la gloire du grand Monarque ſous lequel nous vivons, & de l'heureux ſiecle où nous avons eu le bonheur de naiſtre. Mais ce qui m'oblige d'avantage à faire ſçavoir qu'un Ouvrage qui apparamment doit eſtre ſi utile, a eſté fait par voſtre ordre ; c'eſt l'eſperance que j'ay que le public qui en doit profiter m'aidera à reconnoiſtre une partie de l'obligation que je vous ay en mon particulier, d'avoir bien voulu me charger d'un travail de cette importance : n'y ayant rien au monde que je ſoûhaitte avec plus d'ardeur que de Vous pouvoir donner des marques du profond reſpect avec lequel je ſuis.

MONSEIGNEVR,

Voſtre tres-humble & tres-obeïſſant
Serviteur PERRAULT.

Car tel est nostre plaisir. Donne' à Paris le vingt-sixiéme jour du mois d'Octobre, l'an de grace mil six cens quatre-vingt deux. Et de nostre Regne le quarantiéme. Par le Roy en son Conseil. Junquières.

Registré sur le Livre de la Communauté des Libraires & Imprimeurs de Paris le 29. Octobre 1682. suivant l'Arrest du Parlement du 8. Avril 1653, & celuy du Conseil Privé du Roy du 27. Fevrier 1665.

C. ANGOT Sindic.

Achevé d'imprimer pour la premiere fois le premier jour de Mars 1683.

FAUTES A CORRIGER.

Page xix. *ligne* 17. n'ont rien *lisez*, n'ont rien fait.
Page xxij. *ligne* 13. impossible *lisez*, difficile.

Page 38. *l.* 38. la Tore *lisez*, le Tore.

Page 41. *l.* 14. trois cinquiémes ou parties à prendre. *lisez*, trois cinquiémes à prendre.

Page 46. *l.* 39. qui sont faits par les lignes, *lisez*, qui dans un cercle sont faits par les lignes. *l.* 41. la circonferance d'un cercle. *lisez*, la circonferance du cercle.

Page 52. *l.* 16. & chaque partie. *lisez*, & celle de chaque partie. *l.* 31 des mutules qui sont. *lisez*, des mutules suivant les desseins qu'Alberti, Vignole, & Pyrrho Ligorio ont proposez, comme estant conformes à des ouvrages fort Anciens, dont ils ont trouvé des fragmens : & parce que les mutules sont.

Page 53. *l.* 4. & ce qui reste. *lisez*, & donnant ce qui reste. *l.* 9. Simaise Dorique ; je trouve, *lisez*, Simaise Dorique. Je trouve.

Page 54. *on a obmis ce qui reste de l'explication de la troisiéme Planche.* Δ. Troisiéme maniere de tailler le Fust de la Colonne Dorique, enseigné par Vitruve, où au lieu de Cannelures il y avoit seulement des pans, sans aucune cavité ny enfoncement.

Page 61. *l.* 34. estant égale dans Alberti. *lisez*, estant égale à l'Ecorce dans Alberti.

P. 62. *l.* 9. courbée & couverte. *lisez*, courbée & convexe.

Page 65. *l.* 2. par ces Chapiteaux. Car si. *lisez*, par les Chapiteaux ; le Corinthien selon ces hauteurs empruntant quelquefois l'Entablement de l'Ordre Ionique, quelquefois du Dorique : car si.

Page 72. *l.* 31. des trois parties. *lisez*, les trois parties. *l.* 40. de l'Abaque. *lisez*, du Tailloir.

Page 75. *l.* 2. qui ne parle que de ses quatre coins. *lisez*, & qui en parle comme n'estant qu'au nombre de quatre.

Page 80. *l.* 10. feu Monsieur Mansard. *lisez*, feu M. Mansard.

Page 89. *ligne penultiéme*, Talon ou Larmier. *lisez*, Talon du Larmier.

Page 90. *l.* 17. & grand Talon. *lisez*, & un grand Talon.

Page 91. *ligne* 11. de l'Arc, *lisez*, de l'Ecorce.

Page 95. *l.* 22. sont differentes parce que. *lisez*, sont differentes, les feüilles estant beaucoup plus larges, parce que.

Page 109. *l.* 30. des lieux convexes. *lisez*, des lieux concaves.

Page 118. *l.* 26. estoient soûtenuës. *lisez*, estoit soûtenu.

Page 122. *l.* 32. l'excellent Architecte, *lisez*, que l'excellent Architecte,

PREFACE.

PREFACE.

LES Anciens ont cru avec raiſon que les regles des proportions qui font la beauté des Edifices , ont eſté priſes ſur les proportions du corps humain, & que de meſme que la nature a formé les corps propres au travail avec une taille maſſive , & qu'elle en a donné une plus legere à ceux qui doivent avoir de l'adreſſe & de l'agilité ; il y a auſſi des regles differentes dans l'art de baſtir pour les diverſes intentions que l'on a de rendre un Baſtiment plus maſſif ou plus delicat. Or ces differentes proportions accompagnées des ornemens qui leur conviennent, font les differences des Ordres d'Architecture , dans leſquels les caracteres les plus viſibles, qui les diſtinguent, dependent des ornemens , de meſme que les differences les plus eſſen-tielles conſiſtent dans les grandeurs que leurs parties ont à l'égard les unes des autres.

Ces differences des Ordres priſes de leurs proportions & de leurs caracteres ſans beaucoup d'exactitude & de preciſion ſont les ſeules choſes que l'Architecture ait bien determinées : Tout le reſte qui conſiſte dans les meſures preciſes de tous les membres & dans un certain contour de leurs figures, n'a point encore de regles dont tous les Architectes conviennent ; chacun ayant taſché de donner à ces parties la perfection , dont elles ſont capables , principalement en ce qui depend de la proportion : en ſorte que pluſieurs bien que par des manieres differentes s'en ſont egalement approchez au jugement des intelligens : Ce qui fait voir que la beauté d'un Edifice a encore cela de commun avec celle du corps humain, qu'elle ne conſiſte pas tant dans l'exactitude d'une certaine proportion , & dans le rapport que les grandeurs des parties ont les unes aux autres , que dans la grace de la forme qui n'eſt rien autre choſe que ſon agreable modification , ſur laquelle une beauté parfaite & excellente peut eſtre fondée , ſans que cette ſorte de proportion s'y rencontre exactement

obſervée. Car de meſme qu'un viſage peut eſtre laid &
beau avec une meſme proportion , puiſque le changement
que l'on remarque dans ſes parties , lorſque , par exemple ,
le ris appetiſſe les yeux & agrandit la bouche , eſt pareil à
celuy qui arrive au meſme viſage lorſqu'il pleure, ce meſme
changement de proportion qui plaiſt dans l'un , eſtant
deſagreable dans l'autre ; & qu'au contraire deux viſages
avec des proportions differentes peuvent avoir une égale
beauté : on voit auſſi dans l'Architecture des ouvrages
avec des proportions differentes avoir des graces pour ſe
faire egalement approuver par ceux qui ſont intelligens
& pourveus du bon gouſt de l'Architecture.

Mais comme il faut demeurer d'accord que bien qu'une
certaine proportion ne ſoit pas abſolument neceſſaire à la
beauté d'un viſage , il eſt pourtant vray qu'il y en a une
de laquelle il ne peut beaucoup s'éloigner ſans perdre la
perfection de ſa beauté ; il y a auſſi dans l'Architecture des
regles de proportion non ſeulement dans le general, telles
que ſont celles par leſquelles il a eſté dit que les Ordres
ſont differens les uns des autres , mais auſſi dans le détail ,
deſquelles on ne peut ſe départir ſans faire perdre à l'Edifice
une grande partie de ſa grace & de ſon elegance : mais ces
proportions ont une eſtenduë aſſez ample pour laiſſer aux
Architectes la liberté d'augmenter ou de diminuer les
dimenſions des parties , ſuivant les beſoins que pluſieurs
occurrences peuvent faire naiſtre. C'eſt en vertu de ce
privilege que les Anciens ont fait des ouvrages dont les
proportions ſont ſi extraordinaires , telles que ſont les
Corniches Doriques & Ioniques du Theatre de Marcellus,
& celle du frontiſpice de Neron , dont la grandeur ſurpaſſe
de la moitié celle qu'elles doivent avoir ſuivant les regles
de Vitruve ; Et c'eſt auſſi par cette meſme raiſon que tous
ceux qui ont ecrit de l'Architecture , ſont contraires les
uns aux autres ; en ſorte qu'il ne ſe trouve point , ny dans
les reſtes des Edifices des Anciens , ny parmy le grand
nombre des Architectes qui ont traitté des proportions
des Ordres , que deux Edifices ny deux Auteurs ſe ſoient

iccordez & ayent fuivy les mefmes regles.

Cela fait connoiftre quel fondement peut avoir l'opinion de ceux qui croyent que les proportions qui doivent eftre gardées dans l'Architecture font des chofes certaines & invariables, telles que font les proportions qui font la beauté & l'agrément des accords de la Mufique, lefquelles ne dependent point de nous, mais que la nature a arreftées & eftablies avec des precifions exactes qui ne peuvent eftre changées fans choquer auffitoft les oreilles les moins delicates : car fi cela eftoit ainfi, il faudroit que les ouvrages d'Architecture, qui n'ont pas ces veritables & ces naturelles proportions qu'on pretend qu'ils font capables d'avoir, fuffent condamnez d'un commun confentement, du moins par ceux qu'une connoiffance profonde a rendu les plus capables de ce difcernement : Et comme on ne voit point que des Muficiens foient de differens avis fur la jufteffe d'un accord, par la raifon que cette juftefle a une beauté certaine & evidente, dont les fens font aifement & mefme neceffairement perfuadez, les Architectes conviendroient auffi des regles qui peuvent rendre parfaites les proportions de l'Architecture ; principalement aprés les avoir autant cherchées qu'il paroift qu'ils ont fait en parcourant par un grand nombre d'experiences tous les divers degrez par lefquels on peut parvenir à cette perfection ; comme il eft aisé de faire voir par l'exemple des differentes faillies qui ont efté données au Chapiteau Dorique. Car Leon Baptifte Alberti fait cette faillie feulement de deux minutes & demy, dont les foixante font le diametre de la Colonne ; Scamozzi la fait de cinq minutes ; Serlio de fept & demy ; elle eft de fept trois quarts au Theatre de Marcellus ; de huit dans Vignole; dans Palladio elle eft de neuf, dans de Lorme de dix, & au Colisée de dix-fept. Ainfi il y a tantoft deux mille ans que les Architectes effayant & taftant depuis deux & demy jufqu'à dix-fept, ont efté jufqu'à faire cette faillie fept fois plus grande les uns que les autres, fans qu'ils ayent efté choquez par l'excez des proportions éloignées de celle qu'on voudroit faire paſſer pour la veritable & la naturelle, ce qui auroit dû arriver s'il y avoit quelqu'une de ces proportions qui fuſt telle, & qui deuſt faire un effet pareil à celuy des choſes qui choquent ou qui plaiſent ſans qu'on ſçache pourquoy.

Or ce qui fait qu'on ne peut pas dire que les proportions de l'Architecture plaiſent à la veuë par une raiſon inconnuë, & qu'elles faſſent leur effet par elles-meſmes, ainſi que les accords de la Muſique produiſent le leur dans l'oreille, nonobſtant l'ignorance dans laquelle on eſt des raiſons des conſonnances ; c'eſt que la connoiſſance que nous avons par le moyen de l'oreille de ce qui reſulte de la proportion de deux cordes dans laquelle l'harmonie conſiſte, eſt tout à fait differente de la connoiſſance que nous avons, par le moyen de l'œil de ce qui reſulte de la proportion des parties, dont une Colonne eſt compoſée : car ſi l'eſprit eſt touché par l'entremiſe de l'oreille de ce qui reſulte de la proportion de deux cordes, ſans qu'il connoiſſe cette proportion, c'eſt que l'oreille n'eſt pas capable de luy donner la connoiſſance de cette proportion : mais l'œil qui eſt capable de faire connoiſtre la proportion qu'il fait aimer, ne peut faire ſentir à l'eſprit aucun effet de cette proportion, que par la connoiſſance qu'il luy donne de cette proportion ; d'où il s'enſuit que ce qui eſt agreable à l'œil, ne l'eſt point à cauſe de ſa proportion quand l'œil ne la connoiſt pas, ainſi qu'il arrive le plus ſouvent.

Pour faire que la comparaiſon de la Muſique avec l'Architecture fuſt juſte, il ne faudroit pas ſimplement conſiderer les accords qui ſont tous de nature à ne pouvoir changer, mais la maniere de s'en ſervir, laquelle eſt differente dans des Muſiciens differens, & dans les diverſes Nations, de meſme que les proportions d'Architecture le ſont dans des Auteurs, & dans des Baſtimens differens : car comme il ne ſçauroit y avoir de maniere de ſe ſervir des accords, qui ſoit neceſſairement & infailliblement meilleure qu'une autre, ny de raiſon qui puiſſe demonſtrer que

la Muſique

la Mufique de France foit meilleure que celle d'Italie, il n'y en a point auffi qui puiffe prouver qu'un chapiteau, qui a plus ou moins de faillie, foit neceffairement & naturellement plus beau qu'un autre : Et ce n'eft pas de mefme qu'une fimple confonance, où l'on peut démonftrer qu'une corde, qui a un peu plus, ou un peu moins que la moitié de la longueur d'une autre, fait une diffonnance infupportable avec cette autre, à caufe que la proportion produit naturellement & neceffairement cet effet dans ces tons.

Il y a encore d'autres effets, que la proportion produit naturellement & par elle-mefme dans la mechanique pour le mouvement des corps qui ne doivent point non plus eftre comparez à ceux qu'elle produit pour l'agrément, & pour le plaifir de la veuë : car fi une certaine grandeur d'un des bras d'une balance à l'égard de l'autre fait neceffairement & naturellement, qu'un poids en emporte un autre, il ne s'enfuit pas qu'une certaine proportion, que les parties d'un Baftiment ont à l'égard les unes des autres, doive produire une beauté qui faffe un tel effet fur l'efprit, qu'elle l'entraîne, s'il faut ainfi dire, & l'oblige à luy donner fon approbation, comme la proportion du bras d'une balance la fait infailliblement trébucher du cofté que le bras eft le plus long. C'eft là pourtant ce que difent la plûpart des Architectes qui veulent qu'on croye que ce qui fait la beauté par exemple du Pantheon, eft la proportion que l'épaiffeur de fes murs a avec le vuide du Temple, celle que fa largeur a avec fa hauteur, & cent autres chofes, dont on ne s'apperçoit point, fi on ne les mefure; & par lefquelles, quand on s'en appercevroit, on ne feroit point affeuré qu'elles ne puffent eftre autrement fans déplaire.

Je ne m'arrefterois pas tant fur cette queftion, quoyque ce foit un probléme, dont la refolution eft de la derniere importance pour l'Ouvrage que j'ay entrepris, & que je fois affeu-ré que ceux qui voudront fe donner la peine de l'examiner, n'y trouveront pas affez de difficulté, pour juger que l'opinion que je défends, ait befoin de beaucoup d'autres raifons que celles que j'ay apportées, n'eftoit que la plûpart des Architectes tiennent l'opinión contraire : Car cela fait voir qu'on ne doit point confiderer ce Problême comme ne meritant pas d'eftre examiné ; puifque fi la raifon paroift eftre d'un cofté, l'autorité des Architectes qui eft de l'autre, doit faire balancer la chofe & la tenir dans le doute, quoy qu'à la verité il ne s'agiffe point d'Architecture dans cette queftion, fi ce n'eft à caufe des faits particuliers & des exemples pris de l'Architecture qui fervent à faire voir qu'il y a beaucoup de chofes, lefquelles bienque contraires au bon fens & à la raifon, ne laiffent pas de plaire ; mais tous les Architectes conviennent de la verité de ces exemples.

Or quoy qu'on aime fouvent les proportions conformes aux regles de l'Architecture, fans fçavoir pourquoy on les aime, il eft pourtant vray de dire, qu'il doit y avoir quelque raifon de cet amour, & la difficulté eft feulement de fçavoir fi cette raifon eft toûjours quelque chofe de pofitif, telle qu'eft celle des accords de la Mufique, ou fi le plus fouvent elle n'eft fondée que fur l'accoûtumance ; & fi ce qui fait qu'un Baftiment plaift à caufe de fes proportions, n'eft pas la mefme chofe que ce qui fait qu'un habit à la mode plaift à caufe de fes proportions, lefquelles cependant n'ont rien de pofitivement beau, & qui doive fe faire aimer par foy-mefme ; puifque l'accoûtumance & les autres raifons non pofitives qui les font aimer, venant à changer, on ne les aime plus, quoy qu'elles demeurent les mefmes.

Pour bien juger de cela il faut fuppofer qu'il y a de deux fortes de beautez dans l'Architecture, fçavoir celles qui font fondées fur des raifons convaincantes, & celles qui ne dépendent que de la prevention, j'appelle des beau-tez fondées fur des raifons convaincantes, celles par lefquelles les ouvrages doivent plaire à tout le monde, parce qu'il eft aisé d'en connoiftre le merite & la valeur, telles que font la richeffe de la matiere, la grandeur & la magnificence de l'Edifice, la jufteffe & la propreté de

l'execution, & la symmetrie qui signifie en françois l'espece de Proportion qui produit une beauté evidente &
remarquable : car il y a de deux sortes de Proportions,
dont l'une qui est difficile à appercevoir consiste dans le
rapport de raison des parties proportionnées, tel qu'est
celuy que les grandeurs des parties ont les unes aux autres
ou avec le tout, comme d'estre la septiéme, la quinzieme
ou la vingtiéme partie du tout. L'autre Proportion qui
s'appelle Symmetrie en françois, & qui consiste dans le
rapport que les parties ont ensemble à cause de l'égalité
& de la parité de leur nombre, de leur grandeur, de leur
situation, & de leur ordre, est une chose fort apparente,
& dont on ne manque jamais d'appercevoir les deffauts,
ainsi qu'il se voit au dedans du Pantheon, où les bandeaux
de la voute ne rapportant pas aux fenestres qui sont au
dessous, causent une disproportion, & un manque de
symmetrie que chacun peut aisément connoistre, & qui
estant corrigé auroit produit une beauté plus visible que
n'est celle de la proportion qu'il y a entre l'epaisseur des
murs comparée à la grandeur du vuide du dedans du
Temple, ou aux autres proportions qui se rencontrent
dans cet Edifice, telle qu'est celle du Portique qui a de
largeur les trois cinquiemes du diametre de tout le Temple
de dehors en dehors.

Or j'oppose à ces sortes de beautez que j'appelle Positives & convaincantes, celles que j'appelle Arbitraires,
parce qu'elles dependent de la volonté qu'on a eu de
donner une certaine proportion, une forme & une figure
certaine aux choses qui pourroient en avoir une autre
sans estre difformes, & qui ne sont point renduës agreables
par les raisons dont tout le monde est capable, mais seulement par l'accoûtumance, & par une liaison que l'esprit
fait de deux choses de differente nature : car par cette
liaison il arrive que l'estime dont l'esprit est prevenu pour
les unes dont il connoist la valeur, insinue une estime
pour les autres dont la valeur luy est inconnüe, & l'en-
gage insensiblement à les estimer egalement. Ce principe

est le fondement naturel de la foy , laquelle n'est qu'un effet de la prevention par laquelle la connoissance & la bonne opinion que nous avons de celuy qui nous asseure d'une chose dont nous ne connoissons point la verité, nous dispose à n'en point douter. C'est aussi la prevention qui nous fait aimer les choses de la mode, & les manieres de parler que l'usage a establies à la Cour : car l'estime que l'on a pour le merite & la bonne grace des personnes de la Cour , fait aimer leurs habits & leur maniere de parler, quoy que ces choses d'elles-mesmes n'ayent rien de positivement aimable , puisque l'on en est choqué quelque temps aprés , sans qu'elles ayent souffert aucun changement en elles-mesmes.

Il en est ainsi dans l'Architecture, où il y a des choses que la seule accoûtumance rend tellement agreables que l'on ne sçauroit souffrir qu'elles soient autrement quoy qu'elles n'ayent en elles-mesmes aucune beauté qui doive infailliblement plaire & se faire necessairement approuver , telle qu'est la proportion que les Chapiteaux ont ordinairement avec les Colonnes : & il y en a mesme que la raison & le bon sens devroient faire paroistre difformes & choquantes, que l'accoûtumance a rendu supportables, telles que sont la situation des Modillons dans les Frontons , celle des Denticules sous les Modillons , la richesse des ornemens de la Corniche Dorique, la simplicité de l'Ionique, la position des Colonnes qui dans les Portiques des Temples des Anciens , n'estoient pas à plomb , estant panchées vers le mur. Car toutes ces choses qui devroient deplaire , parce qu'elles sont contre la raison & le bon sens , ont esté premierement souffertes , parce qu'elles estoient jointes à des beautez positives ; & elles sont enfin devenuës agreables, par l'accoûtumance qui a mesme eu le pouvoir de faire que ceux que l'on dit avoir le goust de l'Architecture ne les puissent souffrir quand elles sont autrement.

Pour connoistre combien il y a de regles dans l'Architecture pour des choses qui plaisent , quoyque contraires

à la

à la raifon ; il faut confiderer que les raifons qui devroient
avoir plus de lieu dans l'Architecture pour en regler la
beauté , devroient eftre fondées , ou fur l'imitation de la
Nature , telle qu'eft la correfpondance des parties d'une
colonne avec fon tout ; de mefme qu'il y en a une entre
le corps entier de l'homme , & toutes fes parties ; ou fur
la reffemblance qu'un Edifice peut avoir avec les premiers
Baftimens , que la Nature a enfeignez aux hommes ; ou
fur la reffemblance , que les Echines , les Cymaifes , les
Aftragales & les autres membres ont avec les chofes, dont
les figures de ces membres font prifes ; ou enfin fur
l'imitation de ce qui fe fait dans les autres Arts , comme
celle des ouvrages de la Charpenterie , fur lefquels les
Frifes , les Architraves, les Corniches , & leurs differens
membres font formez tels que font les Modillons & les
Mutules. Cependant ce n'eft point de ces imitations &
de ces reffemblances que dépendent la grace & la beauté
de toutes ces chofes ; car fi cela eftoit , elles devroient avoir
plus de beauté , plus ces imitations feroient exactes. Or il
ne fe trouve point que les proportions & la figure , que
toutes ces chofes doivent avoir pour plaire , & lefquelles
ne fçauroient eftre changées fans choquer le bon gouft ,
foient prifes exactement fur les proportions & fur la figure
des chofes qu'elles reprefentent , & qu'elles imitent. Car
il eft certain que le chapiteau , qui eft la tefte du corps ,
que toute la colonne reprefente , n'a point la proportion
qu'une tefte doit avoir à l'égard d'un corps ; puifque plus
un corps eft d'une taille groffiere , & moins a-t-il de fois
la grandeur de fa tefte , & qu'au contraire les colonnes les
plus groffieres ont le chapiteau le plus petit , & les plus
grefles l'ont le plus grand à proportion de toute la colonne.
Tout de mefme les colonnes ne font point approuvées
fuivant le gouft le plus ordinaire , plus elles reffemblent au
tronc des arbres qui fervoient de poteaux aux premieres
cabanes, qui ont efté bafties; puifqu'on aime communément
à voir les colonnes enflées par le milieu , ce qui n'arrive
jamais aux troncs des arbres , qui vont en diminuant

feulement vers le haut. Les corniches auffi ne plairoient pas davantage, quand leurs membres reprefenteroient plus exactement la figure & la difpofition des pieces de charpenterie, fur lefquelles ils ont efté inventez : car pour cela il faudroit que les denticules fuffent au deffus des modillons qui reprefentent les Forces dans les corniches qui fervent d'entablement ; & les modillons qui dans les corniches des frontons reprefentent les Pannes, devroient eftre perpendiculaires à la ligne de la pente du fronton, de mefme que les bouts des pannes le font à la ligne de la pente des pignons, & non à l'entablement, ainfi qu'on les fait ordinairement ; & enfin quand les Echines reffembleroient mieux à des chaftaignes dans leur coque épineufe, les cymaifes aux ondes d'un ruiffeau, & les aftragales à un talon, ils n'en feroient pas mieux fuivant le bon gouft. Il faudroit encore, fi le bon gouft ne fe regloit que par la raifon, que les Corniches Ioniques fuffent plus riches & plus ornées que les Doriques ; parce qu'il eft raifonnable qu'un Ordre plus delicat ait davantage d'ornemens, que celuy qui eft plus groffier ; & enfin on n'auroit jamais pû fouffrir, ainfi qu'on a fait autrefois, que les colonnes fuffent hors de leur plomb, fi l'accoûtumance n'avoit rendu fupportable une chofe fi contraire à la raifon.

L'imitation de la Nature, ny la raifon, ny le bon fens ne font donc point le fondement de ces beautez, qu'on croit voir dans la proportion, dans la difpofition, & dans l'arrangement des parties d'une colonne ; & il n'eft pas poffible de trouver d'autre caufe de l'agrément, qu'on y trouve, que l'accoûtumance. De maniere que ceux qui les premiers ont inventé ces proportions, n'ayant gueres eu d'autre regle que leur fantaifie, à mefure que cette fantaifie a changé, on a introduit de nouvelles proportions qui ont auffi plû à leur tour. Ainfi la proportion du Chapiteau Corinthien, qui a efté trouvée belle par les Grecs, n'a pas efté approuvée chez les Romains, les premiers luy ayant donné la hauteur feulement du diametre de la colonne , & les derniers y ayant adjousté une sixiéme partie. Je sçay bien que l'on peut dire , que quand les Romains ont augmenté la hauteur de ce Chapiteau , ils l'ont fait avec raison , parce que cette hauteur donne lieu à rendre le contour des caulicoles & des volutes plus agreable ; ce qui ne se pouvoit faire, le chapiteau estant court & large. Et c'est par cette raison que l'on a fait les chapiteaux des grandes colonnes , qui sont à la face du Louvre , encore plus hauts que ceux du Pantheon , à l'exemple de Michel-Ange , qui dans le Capitole les a encore faits plus hauts qu'ils ne sont au Louvre. Mais cela ne fait rien voir autre chose sinon que le goust des Architectes qui ont approuvé ou approuvent encore la proportion que les Grecs donnoient à leurs chapiteaux Corinthiens , doit estre fondé sur quelque autre principe que sur celuy d'une beauté positive, convaincante, & aimable par elle-mesme, qui soit dans la chose comme telle, c'est-à-dire comme ayant cette proportion ; & qu'il est difficile de trouver une autre raison de ce goust, que la Prevention & l'accoûtumance. A la verité, cette prevention, ainsi qu'il a esté dit , est fondée sur une infinité de beautez convaincantes , positives & raisonnables , lesquelles se rencontrant dans un ouvrage avec cette proportion, ont pû rendre l'ouvrage si beau , sans que la proportion ait rien contribué à cette beauté , que l'amour raisonnable que l'on a pour l'ouvrage entier, a fait aussi aimer separément toutes les parties qui le composent.

Ainsi il est arrivé que les premiers ouvrages d'Architecture, dans lesquels la richesse de la matiere, la grandeur, la magnificence & la delicatesse du travail, la symmetrie, c'est-à-dire l'égalité & la juste correspondance, que des parties ont les unes aux autres, parce qu'elles conservent un mesme ordre & une mesme situation, le bon sens dans les choses qui en sont capables , & les autres raisons évidentes de beauté se sont rencontrées , ont paru si beaux, & se sont fait tellement admirer & estimer , qu'on a jugé qu'ils devoient servir de regle pour les autres ; & que l'on a crû, que de mesme qu'il n'estoit pas possible de rien adjouster, ny de rien changer à toutes ces beautez positives, sans diminuer celles de tout l'Ouvrage ; on ne pouvoit pas s'imaginer aussi que les Proportions, qui auroient pû en effet estre autrement, sans nuire aux autres beautez, ne deussent produire un mauvais effet, si elles avoient esté changées. De la mesme maniere que quand on aime passionnément un visage, quoy qu'il n'ait rien de parfaitement beau que le teint, on ne laisse pas d'en trouver la proportion tellement agreable, que l'on ne sçauroit croire, qu'il pust devenir plus beau, si cette proportion estoit changée : parce que la grande beauté d'une partie faisant aimer le tout, l'amour du tout enferme celuy des parties.

Il est donc vray qu'il y a des beautez positives dans l'Architecture, & qu'il y en a qui ne sont qu'arbitraires, quoy qu'elles paroissent positives à cause de la prevention, dont il est bien difficile de se défendre. Il est encore vray que le bon goust est fondé sur la connoissance des unes & des autres de ces beautez ; mais il est constant que la connoissance des beautez arbitraires est la plus propre à former ce que l'on appelle le goust, & que c'est elle seule qui distingue les vrais Architectes de ceux qui ne le sont pas ; parce que pour connoistre la plûpart des beautez positives, c'est assez que d'avoir du sens commun ; n'y ayant pas grande difficulté à juger qu'un grand Edifice de marbre taillé avec justesse & propreté, est plus beau qu'un petit fait de pierres mal taillées, où il n'y a rien qui soit exactement à niveau, ny à plomb, ny à l'équerre. Et il n'est pas besoin d'une grande suffisance dans l'Architecture, pour sçavoir qu'il ne faut pas que la cour d'une maison soit plus petite que les chambres, que les caves soient plus claires que les escaliers, que les colonnes soient plus grosses que les piedestaux. Mais il n'y a point de bon sens qui fasse connoistre que les bases des colonnes ne doivent jamais avoir ny plus ny moins de hauteur, que la moitié du diametre de la colonne ; Que les modillons & les

denticules

denticules aux frontons doivent eftre perpendiculaires à l'horizon ; que les denticules doivent eftre fous les mo-dillons ; qu'il faut que les triglyphes foient larges de la moitié du diametre de la colonne , & que les metopes foient quarrées.

Il eft encore aisé de concevoir que toutes ces chofes pourroient avoir d'autres proportions , fans choquer & fans bleffer le fens le plus exquis & le plus delicat , & que ce n'eft point de mefme que le temperamment, qui , lors qu'il eft mauvais, peut nuire, fans que le malade fçache les degrez des qualitez qui le compofent : car pour eftre choqué , ou pour recevoir du plaifir des proportions de l'Architecture; il faut eftre inftruit par une longue habitude des regles que le feul ufage a établies, & dont le bon fens ne fçauroit fuggerer la connoiffance ; ainfi que dans les Loix Civiles il y en a qui dépendent de la volonté des Legiflateurs , & du confentement des Peuples , que la lumiere naturelle de l'équité ne découvre point.

Si donc en voyant des ouvrages, dont les proportions font differentes , les vrais Architectes, ainfi qu'il a efté dit, n'approuvent que celles qui font au milieu des deux excez qui fe trouvent dans les exemples cy-devant alleguez, il ne s'enfuit point delà que ces excez choquent le bon gouft à caufe de quelque difformité capable de déplaire à tout le monde par une raifon naturelle & pofitive , & comme eftant contre le bon fens ; mais feulement comme n'eftant pas felon la maniere qui a accouftumé de plaire dans les beaux Ouvrages des Anciens , où ces proportions ex-ceffives ne fe trouvent pas ordinairement ; mais dans lefquels auffi cette maniere ne plaift pas tant par elle-mefme que parce qu'elle eft jointe à d'autres beautez pofitives, naturelles & raifonnables, lefquelles, s'il faut ainfi dire, la font aimer par compagnie.

Mais parce que cette maniere mediocre , & également éloignée des extremitez qui fe voyent dans les exemples propofez, a non feulement en effet une latitude , & qu'elle n'eft point precifément determinée dans ces differens ouvrages, qui la plûpart font également approuvez; mais mefme qu'il n'y a point de raifon, qui faffe qu'elle doive avoir une precifion fi jufte & fi compaffée pour plaire ; & que par confequent il n'y a point, à proprement parler, dans l'Architecture de proportions veritables en elles-mefmes ; il refte à examiner fi l'on en peut établir de probables, & de vray-femblables fondées fur des raifons pofitives, fans s'éloigner beaucoup des proportions reçuës & ufitées.

Les Architectes modernes, qui ont mis par écrit les regles des cinq Ordres d'Architecture, ont traitté cette matiere en deux manieres: Les uns n'ont fait autre chofe que recuëillir dans les Ouvrages tant des Anciens que des Modernes les exemples les plus illuftres & les plus approuvez ; & comme ces Ouvrages contiennent des regles differentes, ils fe font contentez de les propofer toutes, & de les comparer enfemble, fans gueres rien determiner fur le choix que l'on en doit faire. Les autres ont crû que dans cette diverfité de fentimens, où font les Architectes fur les proportions qui doivent eftre fuivies dans tous les membres de chaque Ordre, il eftoit permis de donner fon jugement fur des opinions qui ont toutes d'affez grands Auteurs, pour ne pouvoir fonder un mauvais chois : & ils n'ont pas mefme fait difficulté de propofer comme une regle, leur opinion particuliere: Car on peut dire, que c'eft ainfi qu'en ont ufé Palladio, Vignole, Scamozzi, & la plûpart des autres celebres Architectes, qui ne fe font pas fouciez, ny de fuivre ponctuellement les Anciens, ny de s'accorder avec les Modernes.

Le deffein de ces derniers a efté neanmoins loüable, en ce qu'ils ont tafché d'établir des regles certaines & arreftées qui doivent toûjours eftre recherchées en toutes les chofes qui en font capables. Mais il auroit efté à fouhaiter, ou que quelqu'un d'entre eux euft eu affez d'autorité pour faire des loix qui fuffent inviolablement obfervées; ou que l'on puft trouver des regles qui euffent en elles-mefmes des veritez évidentes, ou du moins des probabilitez & des raiſons capables de les faire preferer à toutes les autres, qui ont eſté propoſées : afin que d'une façon ou d'autre on euſt quelque choſe de fixe, de conſtant, & d'arreſté dans l'Ar-chitecture, du moins à l'égard des proportions des cinq Ordres ; ce qui ne ſeroit pas fort difficile : car ces propor-tions ſont des choſes, ſur leſquelles il n'y a pas des études, des recherches & des découvertes à faire, comme il y en a ſur ce qui appartient à la ſolidité & à la commodité des Baſtimens, où il eſt conſtant que l'on peut inventer beaucoup de nouveautez d'une utilité tres-conſiderable ; elles ne ſont point auſſi de la nature des Proportions requiſes aux Ouvrages de l'Architecture militaire, & dans la confection de toutes les machines, où les Propor-tions ſont de la derniere importance.

Car il eſt certain que ce n'eſt pas une choſe fort impor-tante pour la beauté d'un Edifice, que dans l'Ordre Ionique, par exemple la hauteur du denticule de la corniche ſoit preciſément égale à celle de la ſeconde face de l'Architrave, que la roſe du Chapiteau Corinthien ne deſcende point plus bas que le tailloir, & que les volutes du milieu s'élevent juſqu'au haut du rebord du tambour ou vaſe du chapiteau : car quoyque ces proportions ayent eſté obſervées par les Anciens, & preſcrites par Vitruve, elles n'ont point eſté ſuivies par les Modernes : & il n'y a point d'autre raiſon de cela, ſinon que les proportions ne ſont pas fondées ſur des raiſons poſitives & neceſſaires, ainſi qu'elles le ſont dans pluſieurs autres choſes, comme dans les Fortifications ou dans les Machines, où une ligne de défenſe, par exemple, ne ſçauroit eſtre plus longue que la portée de l'artillerie, ny un des bras d'une balance plus court que l'autre, ſans rendre ces choſes abſolument mauvaiſes, & tout-à-fait defectueuſes.

C'eſt pourquoy l'on peut conſiderer les deux manieres de traitter des proportions des cinq Ordres pratiquées & reçeuës à preſent, comme n'eſtant pas les ſeules qui peu-vent eſtre miſes en uſage, & qu'il n'y a rien qui doive empeſcher d'en recevoir une troiſiéme. Et pour expliquer par la comparaison que j'ay déja employée , & qui est fort naturelle dans le sujet dont il s'agit , en quoy consiste cette troisiéme maniere ; je diray qu'il faut se figurer que ceux qui suivent la premiere maniere , font de mesme que si pour prescrire les proportions d'un beau visage , on donnoit exactement celles des visages d'Helene , d'Andromaque , de Lucrece , ou de Faustine , dans lesquels par exemple le front , le nez & l'espace qu'il y a depuis le nez jusqu'à l'extremité du menton , estoient égaux à quelques minutes prés , mais differemment dans chacun de ces visages : & que les Architectes , qui ont suivi la seconde maniere , ont fait la mesme chose que si pour donner les proportions d'un beau visage on disoit qu'il doit avoir dix-neuf minutes & demy depuis la racine des cheveux jusqu'au commencement du nez ; vingt minutes , & trois quarts depuis le commencement du nez jusqu'à son extremité , & dix-neuf minutes & trois quarts depuis l'extremité du nez jusqu'à celle du menton ; & qu'enfin la troisiéme maniere est de faire ces trois espaces égaux , en leur donnant chacun vingt minutes.

Ainsi, pour appliquer cette comparaison à l'Architecture, si l'on demande suivant la premiere methode , quelles doivent estre les proportions, par exemple, de la hauteur de tout l'architrave à l'égard de celle de toute la frise , on dira que dans le temple de la Fortune Virile , dans le theatre de Marcellus , & presque par tout elles sont égales à quelques minutes prés ; la frize ayant un peu plus de hauteur en quelques-uns de ces Edifices , & l'architrave en d'autres. Si l'on consulte la seconde methode , on trouvera aussi que ceux qui ont prescrit des regles pour les proportions dont il s'agit , ne se font pas beaucoup éloignez de cette égalité ; mais que ç'a esté avec des mesures differentes de celles des anciens , & que quelques-uns les ont fait égales dans un Ordre & non dans l'autre. Mais si l'on suit la troisiéme methode on les fera toujours égales dans l'Ionique, dans le Corinthien, & dans le Composite.

Or il est aisé de voir que cette troisiéme maniere est du
moins

moins plus aifée & plus commode que les autres, puifque
s'il eft vray qu'une fix-vingtiéme partie de tout le vifage
adjoûtée ou oftée au front, au nez, ou au menton, ne
rendra pas un vifage ni plus ni moins agreable; il eft encore auffi vray que pour trouver, retenir, & imprimer
dans la memoire la proportion qu'il doit avoir, il n'y a
rien de plus facile. En forte que fi l'on ne peut pas dire
que cette proportion foit la veritable, puifqu'un vifage
peut avoir tout l'agréement poffible fans cette proportion, & qu'avec cette proportion il peut eftre fans agre-
ment ; elle doit du moins eftre reputée vrai-femblable,
puifqu'elle eft fondée fur une raifon pofitive, telle qu'eft
la regularité de la divifion du tout en trois parties égales.
Cette methode eft celle que les Anciens ont fuivie, &
dont Vitruve s'eft fervi dans l'explication des proportions
qu'il a données, où il procede toûjours par des divifions
methodiques & aifées à retenir, & elle n'a efté abandon-
née par les Modernes, que parce qu'ils n'ont pas trouvé
qu'elle peut s'accommoder aux mefures irregulieres qui
font dans les membres des beaux ouvrages de l'Antique,
quife trouvent beaucoup differens de ce que Vitruve nous
a laiffé : de maniere qu'il les auroit fallu alterer en quelque chofe pour les reduire aux proportions regulieres que
cette methode demande : & cependant la plufpart des
Architectes font perfuadez que ces ouvrages auroient
perdu toute leur beauté, fi une feule minute avoit efté
oftée ou adjoûtée à quelqu'un des membres où les admirables ouvriers de l'Antique les ont mifes.

Car il n'eft pas concevable jufqu'où va la reverence &
la religion que les Architectes ont pour ces ouvrages que
l'on appelle l'Antique, dans lefquels ils admirent tout,
mains principalement le myftere des proportions, qu'ils
fe contentent de contempler avec un profond refpect,
fans ofer entreprendre de penetrer les raifons pourquoy
les dimenfions d'une moulure n'ont pas efté un peu plus
petites, ou un peu plus grandes : ce qui eft une chofe que
l'on peut prefumer avoir efté ignorée, mefme par ceux qui

f

les ont faites. Cela ne seroit pas si étonnant si nous estions asseurez que les proportions que nous voyons dans ces ouvrages ne fussent point alterées & differentes en quelque chose de celles que les premiers inventeurs de l'Architecture ont établies ; & si l'on estoit de l'opinion de Villalpande qui pretend que Dieu par une inspiration particuliere a enseigné toutes ces proportions aux Architectes du Temple de Salomon, & que les Grecs qui en sont estimez les inventeurs les ont aprises de ces Architectes.

Il est pourtant vray que ce respect excessif des Architectes pour l'Antique qui leur est commun avec la pluspart de ceux qui font profession des sciences humaines, dont l'opinion est que rien ne se fait aujourd'huy de comparable aux ouvrages des Anciens, prend sa source, tout deraisonnable qu'il est, du veritable respect qui est deu aux choses saintes. Chacun sçait que la barbarie des siecles passez, dans la cruelle guerre qu'elle fit aux sciences qu'elle extermina toutes, n'ayant épargné que la Theologie, fut cause que le peu qu'il restoit de litterature s'estant comme refugié dans les Cloistres, le bon sens fut obligé d'aller chercher dans ces lieux la matiere de toutes les belles connoissances, tant de l'antiquité que de la nature, & de s'y exercer dans l'art de raisonner & de conduire l'esprit. Mais cet Art, qui de sa nature est également propre pour toutes les sciences, n'ayant esté traitté durant un si long temps, que par des Theologiens, dont tous les sentimens sont captivez & soûmis aux anciennes decisions, se trouva avoir tellement perdu l'habitude d'user de la liberté dont il a besoin dans ses recherches curieuses, que plusieurs siecles se sont passez sans qu'on ait pû raisonner dans les sciences humaines qu'à la maniere de raisonner en Theologie. C'est ce qui faisoit qu'autrefois les sçavans n'avoient pour but dans leurs études que la recherche des opinions des Anciens, se faisant beaucoup plus d'honneur d'avoir trouvé le vray sens du texte d'Aristote que d'avoir découvert la verité de la chose, dont il s'agit dans ce texte.

Cet esprit de soûmission dans la maniere d'apprendre & de traitter les Sciences & les Arts s'est tellement nourry & fortifié par la docilité naturelle aux gens de lettres, que l'on a beaucoup de peine à s'en defaire ; & l'on ne peut s'accoûtumer à faire la distinction qu'il y a entre le respect deû aux choses saintes, & celuy que meritent celles qui ne le font pas; lesquelles il nous est permis d'examiner, de critiquer, & de censurer avec modestie, quand il s'agit de connoistre la verité; & dont nous ne considerons point les mysteres, comme estant de la nature de ceux que la Religion nous propose, & que nous ne nous étonnons point de trouver incomprehensibles.

Comme l'Architecture ainsi que la Peinture & la Sculpture, a souvent esté traittée par des gens de lettres, elle s'est aussi gouvernée par cet esprit plus que les autres Arts; on y a voulu argumenter par autorité, supposant que les Auteurs des admirables ouvrages de l'Antiquité n'ont rien qui n'ait des raisons, quoique nous ne les connoissions pas.

Mais ceux qui ne demeureront pas d'accord que les raisons qui font admirer ces beaux ouvrages soient incomprehensibles; aprés avoir examiné tout ce qui appartient à ce sujet & s'en estre fait instruire par les plus habiles, seront persuadez, s'ils consultent aussi le bon sens, qu'il n'y a pas beaucoup d'inconvenient à croire que les choses dont ils ne pourront trouver de raison, sont effectivement sans raison qui fasse à la beauté de la chose, & qu'elles n'ont point d'autre fondement que le hazard & le caprice des ouvriers qui n'ont point cherché de raison pour se conduire à determiner des choses, dont la precision n'est d'aucune importance.

Je sçay bien que nonobstant tout ce que je puis dire, on aura de la peine à gouster cette proposition, qui passera pour un Paradoxe capable de faire élever un grand nombre de contradicteurs, & que parmy quelques honnestes gens qui croient de bonne foy qu'il y va de la gloire de l'Antiquité qu'ils ayment, d'estre reputée infaillible, inimitable & incomparable, peut-eſtre parcequ'ils n'y ont pas aſſez penſé, il s'en meſlera beaucoup d'autres qui ſçavent bien ce qu'ils font quand ils couvrent de ce reſpect aveugle pour les ouvrages Antiques, le deſir qu'ils ont que les choſes de leur profeſſion paroiſſent avoir des myſteres dont ils ſont les ſeuls interpretes.

Mais comme mon intention n'eſt point, quand meſme j'aurois prouvé & demonſtré ce Paradoxe, d'en prendre d'autre avantage que d'obtenir la permiſſion de changer quelques proportions qui ne ſont differentes de l'Antique qu'en des choſes peu importantes & peu remarquables; je croy qu'on ne me fera point d'affaire, principalement aprés la declaration que je fais, qu'ayant pour ces ouvrages de l'Architecture antique toute la veneration & toute l'admiration qu'ils meritent, ſi j'en parle autrement que les autres, mon deſſein n'eſt que d'aller au devant des objections que les admirateurs trop ſcrupuleux du temps paſſé me pourroient faire ſur l'inconvenient qu'ils trouvent à ne pas ſuivre en toûtes choſes les exemples de ces grands Maiſtres, & ſur le danger auquel je m'expoſe de n'en eſtre pas crû dans ce que je propoſe de nouveau.

Car ceux qui ne voudront pas chicanner, & ſe ſervir de mauvaiſe foy de l'autorité de l'Antique, n'employeront point ſa puiſſance à des choſes ſur leſquelles il n'eſt pas beſoin de l'étendre, telles que ſont la groſſeur d'un Aſtragale, la hauteur d'un Larmier, ou d'un Denticule plus ou moins grande; la preciſion de ces proportions n'eſtant pas ce qui fait la beauté de l'Antique, & leur changement n'eſtant pas d'une importance comparable à celle qu'il y a d'avoir des proportions veritablement proportionnées dans tous les membres dont tous les Ordres ſont compoſez, pour établir une methode facile & commode.

Pour ce qui regarde le ſuccez de mon deſſein, s'il n'eſt pas heureux, cette diſgrace n'aura rien qui me doive beaucoup faſcher, m'eſtant commune avec les plus illuſtres, puiſque ni Hermogene, ni Callimaque, ni Philon, ni Cteſiphon, ni Metagene, ni Vitruve, ni Palladio, ni Scamozzi,

Scamozzi avec toute leur capacité n'ont pû obtenir une approbation suffisante, pour faire que leurs preceptes fassent les regles des proportions de l'Architecture. Si l'on m'objecte, que la methode que je propose, quand mesme elle seroit approuvée, n'estoit pas une chose fort difficile à trouver, que je ne change presque rien aux proportions, & qu'il n'y en a gueres qui ne se trouvent dans quelqu'un des Ouvrages des Anciens, ou des Modernes ; j'avoüeray que je n'ay point inventé de nouvelles proportions : mais c'est de cela que je me loüe, parceque je n'ay point d'autre dessein dans cet Ouvrage que de faire, que sans choquer l'idée que les Architectes ont des proportions de chaque membre, on les puisse reduire toutes à des mesures facilement commensurables, que j'appelle vrai-semblables, y ayant grande apparence que les premiers inventeurs des proportions de chaque Ordre ne les ont point fait telles que nous les voyons dans l'Antique, où elles sont seulement approchantes de ces mesures aisément commensurables; mais qu'ils les ont faites actuellement justes, & que par exemple ils n'ont point donné à la Colonne Corinthienne neuf diametres & demy, seize minutes & demie, comme elle est au Portique du Pantheon; ny dix diametres onze minutes, comme elle est aux trois colonnes du marché de Rome : mais qu'ils l'ont fait au juste quelquefois de neuf diametres & demy, quelquefois de dix; & que la seule negligence des ouvriers des Edifices antiques, que nous voyons, est la veritable cause du manque qu'il y a dans ces proportions, qui ne sont pas exactement suivant les veritables, qu'il est raisonnable de croire avoir esté établies par le premiers Inventeurs de l'Architecture.

Je ne prevoy pas ce que l'on peut dire contre cette opinion, parceque je ne sçay pas, & ne croy pas aussi que l'on puisse sçavoir, les raisons qui ont porté les Architectes à suivre des proportions rompües & difficiles, sans necessité, & d'affecter de changer les anciennes qui estoient aisées estant de nombres entiers. Pourquoy par

exemple les Anciens avant Vitruve ayant toûjours donné
au Plinthe de la Bafe Attique le tiers de toute la Bafe,
l'Architecte du Theatre de Marcellus a ajoûté une minute
& un quart à ce tiers, qui eft de dix minutes, & pourquoy
les Anciens ayant toûjours fait l'Architrave Dorique égal
au demidiametre de la Colonne, l'Architecte des Thermes
de Diocletien s'eft avifé d'y ajoûter une cinquiéme partie,
& Scamozzi une fixiéme, & enfin par quel myftere dans
le Portique du Pantheon, il ne fe trouve point deux
Colonnes d'une mefme groffeur. Je ne croy pas non plus
qu'on puiffe deviner pourquoy Scamozzi a affecté dans
fon Ordonnance d'Architecture, des proportions tellement
embroüillées, qu'il n'eft pas feulement impoffible de les
retenir, mais mefme de les comprendre.

Je puis donc dire, que j'ay fujet de croire, que fi les
changemens des proportions que les Architectes pofterieurs
à Vitruve ont introduites, font fans aucune raifon qui
nous foit connuë, ceux que je propofe fe trouveront icy
fondez fur des raifons claires & evidentes, telles que font
la facilité de faire les divifions & celle de les retenir : &
que ce que j'avance de nouveau, n'eft point tant pour
corriger l'Antique que pour tafcher de le rétablir dans
fon ancienne perfection ; ce que je ne pretens point faire
de mon autorité, ny fuivant des lumieres qui me foient
particulieres, mais me fondant toûjours fur quelque
exemple pris des ouvrages antiques, ou des Ecrivains
approuuez ; & n'employant que rarement des raifons &
des conjectures, dont je croy neanmoins qu'on ne me
doit pas refufer l'ufage, les propofant comme je fais avec
une entiere foûmiffion aux intelligens, qui voudront
prendre la peine de les examiner.

Car enfin ma penfée eft, que fi les ouvrages que nous
avons de l'Antique, font comme des livres où nous devons
apprendre les proportions de l'Architecture, ces ouvrages
ne font pas les originaux faits par les premiers & veritables
Auteurs ; mais feulement des copies differentes entre-elles,
& dont les unes font fideles & correctes en une chofe, les

autres en une autre: enforte que dans l'Architecture pour reftituer le veritable fens du texte, s'il faut ainfi parler, il eft neceffaire de l'aller chercher dans ces differentes copies, qui eftant des ouvrages approuvez, doivent contenir chacun quelque chofe de correct & de fidele, dont le choix doit apparemment eftre fondé fur la regularité des divifions non rompües fans raifon, mais faciles & commodes, telles qu'elles font dans Vitruve.

Car pour ce qui eft du doute où l'on peut eftre, que les ouvrages de l'Antique ne foient des copies defectueufes & differentes des premiers originaux en ce qui regarde les proportions, je croy qu'il eft fuffifamment eftabli comme legitime & recevable par les raifons & les conjectures qui font affez au long dans cette Preface, dans laquelle j'ay tafché de prouver que la beauté des ouvrages de l'Antique toute admirable qu'elle eft, n'eft pas fuffifante pour faire conclure que les veritables proportions y foient obfervées, en faifant voir que la beauté des Edifices ne confifte point dans l'exactitude de ces veritables proportions, puifqu'il eft conftant qu'on en peut obmettre quelque chofe, fans que la beauté de l'ouvrage en foit diminuée, & que peut-eftre quand ces veritables proportions fe trouveroient obfervées, il n'auroit pas davantage d'agrément, s'il eftoit deftitué des autres parties, dans lefquelles confifte la veritable beauté, telles que font entr'autres chofes, la maniere de décrire agreablement les Contours & les Profils, & l'adreffe de difpofer avec raifon toutes les parties qui font les caracteres des differens Ordres : ce qui eft, ainfi qu'il a efté dit, la feconde partie, laquelle eftant jointe à la Proportion comprend tout ce qui appartient à la beauté de l'Architecture.

Aprés avoir expliqué en general les raifons qui peuvent autorifer la liberté que je me fuis donnée de propofer quelque changement dans les proportions des Ordres, & refervant au traité qui fuit, le deftail de celles que j'ay pour chaque changement; il me refte de dire les raifons que j'ay de changer auffi quelque chofe dans les Caracteres qui diſtinguent les Ordres; ce qui eſt une licence encore plus grande que celle de toucher aux proportions, parce que ce changement eſt plus aiſé à reconnoiſtre, l'œil ſeul ſans compas ny regle eſtant capable de l'appercevoir.

Ceux qui ne veulent pas, qu'on puiſſe avec raiſon changer quelque choſe aux regles qu'ils croyent avoir eſté eſtablies par les Anciens, pourront auſſi prendre la liberté de ſe mocquer de mes raiſons, & de blaſmer la temerité de mon deſſein : mais ce n'eſt point à eux que je parle, parce qu'on ne doit jamais diſputer contre ceux qui nient les principes; & je tiens que c'en doit eſtre un des premiers dans l'Architecture, de meſme que dans tous les autres Arts, qu'aucun n'ayant la derniere perfection, il y a lieu de croire que s'il n'eſt pas permis d'y atteindte; on peut du moins s'en approcher davantage en la cherchant; & que ceux qui croyent que cela n'eſt pas impoſſible, y doivent pluſtoſt pretendre que ceux qui ſont perſuadez du contraire.

Les Ordres d'Architecture s'employent en deux ſortes d'ouvrages, ſçavoir, ou dans les Edifices que l'on baſtit pour s'en ſervir actuellement, tels que ſont les Temples, les Palais, & les autres Baſtimens, tant publics, que particuliers, qui requierent des ornemens, & de la magnificence; ou dans les repreſentations hiſtoriques où il y a de l'Architecture, telles que ſont celles qui ſe font en Peinture, ou en Sculpture, ou dans les machines des Theatres, des Ballets, des Carrouſels, & des Entrées des Princes. Or il eſt certain que dans cette derniere eſpece d'Architecture il faut affecter de ſuivre ponctuellement toutes les manieres particulieres de l'Architecture Ancienne, & que par exemple dans la repreſentation d'une hiſtoire de Theſée ou de Pericles, ſi l'on met un Ordre Dorique, il faut que les Colonnes ſoient ſans Baſe; ſi l'on repreſente un Ionique, le gros Thore doit eſtre au haut de la Baſe; & ſi l'on y fait un Corinthien, le Chapiteau doit eſtre écraſé, le Tailloir aigu par les coins, & la Corniche ſans Modillons. Mais quand il s'agit de deſſiner un Ordre

pour

pour un Edifice que l'on baftit aujourd'huy , je ne croy
pas que cette imitation fi fcrupuleufe de l'Antique foit
neceffaire , & comme l'on ne pourroit pas approuver le
deffein d'un ouvrier qui voudroit faire l'écriture d'une
medaille du Roy , ou d'une infcription dattée de l'an mil
fix cens quatre-vingt trois , avec des caracteres femblables
à ceux qui fe voyent dans les medailles Romaines Antiques , qui font differens & n'ont point la beauté des
caracteres Romains dont nous nous fervons , & que nous
avons perfectionnez ; je ne croy pas auffi qu'on dût
blafmer un Architecte qui obferveroit & fuivroit curieu-
fement les changemens que les habiles dans fon Art ont
introduit avec raifon & jugement , & mefme avec approbation.

Il n'y a aucun de ceux qui ont écrit des Ordres d'Architecture , qui n'ait adjoufté & corrigé quelque chofe
dans ce que l'on pretend que les Anciens avoient établi
comme des regles & des loix inviolables : & ces Ecrivains qui hors Vitruve font tous modernes , l'ont fait à
l'exemple des Anciens mefmes , qui au lieu de Livres
ont laiffé des ouvrages d'Architecture , dans lefquels
chacun a mis quelque chofe de fon invention : Or ces
nouveautez ont toûjours efté confiderées comme le fruit
du travail de l'étude & de la recherche que des genies
inventifs ont fait pour perfectionner les chofes dans lefquelles les Anciens avoient laiffé quelque defectuofité :
car bien que quelques-uns de ces changemens n'ayent
pas efté approuvez ; il y en a neanmoins un affez grand
nombre de reçûs & de fuivis mefme en des chofes tres
confiderables , pour faire voir que le changement de foy
en ce genre de chofes, non feulement n'eft point une en-
treprife temeraire ; mais mefme que le changement en
mieux n'eft point fi difficile que les admirateurs paffionnez
de l'Antiquité veulent faire croire.

Les Bafes que l'on appelle Ioniques qui eftoient les feu-
les en ufage parmy les Anciens pour tous les Ordres qui
avoient des Bafes , ont tellement déplu aux Architectes

qui font venus depuis Vitruve , qu'on ne les a prefque point employées. Le Chapiteau Ionique a efté trouvé incommode & defagreable par un changement de gouft fi univerfel , qu'il n'y a pas lieu de douter qu'il n'ait quelque fondement raifonnable. Le Chapiteau Ionique que Scamozzi a fubftitué de fon invention au lieu de l'Antique , a non feulement efté fi bien reçû , qu'aprefent on n'en fait plus prefque d'autre à cet Ordre : mais nos Architectes depuis Scamozzi ont introduit des changemens dans fon Chapiteau qui l'ont beaucoup perfection-né , ainfi qu'il fera expliqué en fon lieu. Le mefme fe peut dire du Chapiteau Compofite , qui n'eft rien autre chofe que le Chapiteau Corinthien corrigé & rectifié : car on luy a auffi donné depuis peu la perfection qui luy manquoit non feulement dans l'Antique , mais auffi dans tous les Auteurs modernes qui ont traité des Ordres.

J'ay donc lieu d'efperer que mon deffein dans cet ouvrage qui pourra fembler à plufieurs avoir quelque chofe de bien hardy , ne paroiftra pas tout à fait temeraire à ceux qui confidereront que je n'y propofe rien qui n'ait des exemples & des Auteurs illuftres. Que fi quelqu'un par cette raifon vouloit pretendre que mon Livre ne contient rien de nouveau , puifque les changemens , tant des Proportions que des Caracteres des Ordres fe trouvent avoir efté pratiquez de tout temps ; j'en demeureray d'accord en declarant que mon deffein n'eft que d'étendre un peu plus loin , qu'on n'avoit fait , ce changement ; pour voir fi en tafchant de perfuader à ceux qui ont plus de connoiffance & de genie que je n'en ay , de travailler à faire reüffir ce deffein auffi heureufement qu'il eft utile & raifonnable , je pourray eftre caufe que l'on donne aux Regles des Ordres d'Architecture la précifion , la perfection , & la facilité de les retenir qui leur manquent.

Cet ouvrage eft divifé en deux Parties , dans la premiere j'établis les regles generales des proportions

communes à tous les Ordres , telles que sont celles des
Entablemens, des hauteurs des Colonnes, des Piedestaux,
&c. En faisant voir que les grandeurs sont ou pareilles ,
comme dans la hauteur de tous les Entablemens , ou
qu'elles vont croissant par des proportions égales. Dans
la seconde Partie je determine les grandeurs & les caracteres particuliers des membres dont toutes les Colonnes sont composées dans tous les Ordres ; ce que je fais
par les exemples que je rapporte , tant des ouvrages
Antiques que des écrivains Modernes. Or bien que ce
que je rapporte de l'Antique soit une chose plus difficile
à verifier que ce que j'ay pris dans les Modernes , le
Livre que Mr. Desgodets a depuis peu fait imprimer des
Anciens Edifices de Rome , donnera une grande facilité
aux Lecteurs qui seront curieux de s'instruire de ces
choses , de mesme qu'il m'a servi pour sçavoir au juste
les differentes proportions qui ont esté prises par cet
Architecte , avec une tres grande exactitude.

TABLE DES CHAPITRES
DE LA PREMIERE PARTIE.

TABLE DES CHAPITRES
DE LA SECONDE PARTIE.

ORDONNANCE

ORDONNANCE
DES CINQ ESPECES
DE COLONNES

Selon la Methode des Anciens.

PREMIERE PARTIE.

Des choses communes à tous les Ordres.

CHAPITRE PREMIER.

Ce que c'est qu'Ordonnance & Ordre d'Architecture.

L'ORDONNANCE, selon Vitruve, est ce qui regle la grandeur de toutes les parties d'un bastiment par rapport à leur usage. Or on entend par les parties d'un bastiment, non seulement les pieces dont il est composé, telles que sont une cour, un vestibule, une sale ; mais aussi celles qui entrent dans la construction de chacune des pieces, telles que sont les Colonnes entieres, qui comprennent le piedestail, la colonne & l'entablement composé d'architrave, de frise, & de corniche, qui sont les seules, dont il s'agit icy, & dont l'Ordonnance regle les proportions, leur donnant à chacune les mesures convenables aux usages ausquels elles sont destinées ; comme d'estre les unes plus ou moins fortes, & propres à soutenir un grand faix, ou plus ou moins capables de reçevoir les ornemens delicats, dont on les peut enrichir par de la sculpture ou par des moulures : car ces ornemens & enrichissemens appartiennent aussi à l'Ordonnance, & donnent des caracteres mesme plus visibles pour designer & regler les Ordres, que ne font les proportions ; dans lesquelles neanmoins consistent les differences les plus essentielles des Ordres selon Vitruve.

A

CHAP. I.   L'Ordre d'Architecture est donc ce qui est reglé par l'Ordonnance , lors qu'elle prescrit les proportions des colonnes entieres , & qu'elle determine la figure de certaines parties qui leur conviennent selon les proportions differentes qu'elles ont. La proportion des colonnes prend ses differences de leur hauteur plus ou moins grande comparée à leur grosseur ; & la figure des membres particuliers qui leur convient suivant leur proportion , prend ses differences de la simplicité ou de la richesse des ornemens de leurs chapiteaux , de leurs bases , de leurs cannelures , & des modillons , ou mutules , qui se mettent dans leurs corniches.

Ainsi dans les trois Ordres des Anciens qui sont le Dorique , l'Ionique , & le Corinthien ; le Dorique qui est le plus massif , a dans toutes ses parties une grossiereté & une simplicité qui le distingue des autres : car son chapiteau n'a ny volutes , ny feüilles , ny caulicoles : la base , quand on luy en donne une , est composée de thores fort gros , sans astragales & avec une seule scotie : ses cannelures sont plattes & en moindre nombre qu'aux autres Ordres , & ses mutules ne sont que comme un simple tailloir sans console & sans feüillage. Au contraire le Corinthien a dans son chapiteau plusieurs ornemens delicats que la sculpture luy donne , y taillant deux rangs de feüilles , d'où sortent des tiges ou caulicoles recouvertes par des volutes : sa base est enrichie de deux astragales & d'une double scotie : ses modillons sont delicatement taillés en consoles ornées de feüilles pareilles à celles du chapiteau. Les ornemens de l'Ordre Ionique sont moyens entre les extremitez des deux autres Ordres ; sa base estant par le bas sans thore , son chapiteau n'ayant point de feüilles , & sa corniche n'ayant que des denticules au lieu des modillons.

Les Modernes ont adjoûté aux trois Ordres des Anciens deux autres , dont ils ont reglé l'Ordonnance par proportion à celle des Ordres Anciens ; car ils en ont fait un qu'ils ont nommé Toscan , plus grossier & plus simple encore que le Dorique , & un apellé Composite qu'ils ont aussi rendu plus composé que le Corinthien ; son chapiteau estant composé de celuy du Corinthien , dont il a les feüilles , & de celuy de l'Ionique , dont il emprunte les volutes ; de mesme qu'on peut dire que le Corinthien est composé de l'Ionique , dont il a les deux scoties & les astragales dans sa base , & du Dorique ayant dans son chapiteau une gorge ou vase qui n'est point dans l'Ionique. Ces deux Ordres sont pris dans Vitruve qui a prescrit les proportions du Toscan ,

mais qui ne l'a point mis au nombre des Ordres ; & qui a don- Ch. II.
né l'invention du Compofite, lors qu'il a dit qu'on peut changer
le chapiteau de la colonne corinthienne en luy en faifant un,
dont les parties feront prifes dans le chapiteau Ionique & dans
le Corinthien : mais il dit encore que ce changement de chapiteau ne doit point établir un nouvel Ordre, parce que la
proportion de la colonne n'en eft pas changée, ce chapiteau
eftant de la mefme hauteur que celuy de l'Ordre Corinthien,
qui fait un Ordre different de l'Ionique, à caufe que fon chapiteau plus petit que le Corinthien, rend toute la colonne plus
courte. Ce qui fait voir, que felon Vitruve, la proportion eft
plus effentielle pour determiner les Ordres, que ne font les caracteres finguliers de la figure de leurs parties.

CHAPITRE II.

De la Mefure qui doit regler les Proportions des Ordres.

POUR determiner les grandeurs qui font les proportions
des membres, dont les colonnes font compofées, & dans
lefquelles confifte la principale difference des Ordres, les Architectes ont employé deux manieres. La premiere eft qu'on
prend une grandeur certaine, laquelle eft ou mediocre ou tres-
petite : on fe fert de la mediocre, qui eft le diametre du bas de
la colonne apellé module, quand il faut regler les grandeurs
qui paffent beaucoup celle du diametre ou module ; ce qui fe
fait en prenant, par exemple, huit ou neuf diametres pour la
hauteur de la colonne, & deux, trois ou quatre pour l'entrecolonnement. La grandeur tres-petite, qu'on apelle partie ou minute, & qui eft ordinairement la foixantiéme partie du module, eft employée lors qu'il s'agit d'avoir des grandeurs moindres que le module : comme quand on donne dix minutes au
plinthe de la bafe Attique, fept & demi au grand thore, cinq
au petit, &c.

Dans la feconde maniere on ne fe fert point de minutes ny
d'autres portions du module qui foient certaines & definies,
mais on divife le module ou ces autres grandeurs definies par
le module ou autrement, en autant de parties égales qu'il eft
neceffaire : ainfi la grandeur de la bafe Attique qui eft la moitié du module, eft divifée ou en trois, pour avoir la hauteur
du plinthe, ou en quatre pour avoir celle du grand thore, ou
en fix pour avoir celle du petit.

 Ces deux manieres ont esté pratiquées tant par les anciens Architectes que par les Modernes : mais la seconde, dont les Anciens se sont servi, me semble devoir estre preferée à l'autre, non pas tant à cause qu'elle suppose toûjours le rapport d'un tout à ses parties ; car je ne croy pas qu'il resulte rien de là qui puisse estre agreable à la veuë, n'y ayant proprement que les rapports d'ordre ou d'égalité qui la satisfassent, parce que les autres rapports ne luy sont pas mesme sensibles. Mais ce que je trouve de meilleur dans la maniere des Anciens, est la facilité qu'elle donne à la memoire pour retenir les mesures, à cause qu'elle est fondée sur la raison, qui est capable de produire ce que l'on apelle reminiscence, dont l'effet est bien plus certain que n'est celuy de la simple apprehension de la memoire. Car quand on a sçû une fois que la troisiéme partie de la base attique est la grandeur de son plinthe, que la quatriéme est celle de son thore inferieur, & que la sixiéme est celle de l'autre thore, il est presque impossible d'oublier les proportions de cette base. Mais il n'en est pas de mesme des dix, des sept & demy, & des cinq minutes, avec lesquelles on mesure les parties de cette base ; parce que les rapports que ces nombres ont les uns aux autres, ne sont connus & faciles à retenir qu'à cause que dix est la troisiéme partie, que sept & demy est la quatriéme, & que cinq est la sixiéme des trente minutes qui sont la hauteur de toute la base.

Ce qui a obligé les Modernes à se servir toûjours des mêmes minutes, est le besoin qu'ils ont eu souvent de marquer des grandeurs qui n'ont point de proportion, ny avec la grandeur du module entier, ny avec celle des autres parties ; comme quand le plinthe de la base attique au lieu de dix minutes n'en a que neuf & demy, ou qu'il en a dix & demy : Et ils ont été obligez d'en user ainsi, à cause qu'ils ne se sont proposé de donner les mesures que des ouvrages qui nous restent des Anciens, qui apparemment n'estant point les vrais originaux, n'ont pû avoir la juste precision des proportions que les premiers Inventeurs leurs avoient données : n'y ayant aucune apparence qu'ils eussent eu quelque raison d'approcher si prés d'une division sans la faire juste.

Comme on n'a intention dans cét Ouvrage de donner des proportions que par des grandeurs, qui ont toutes rapport les unes aux autres, & approcher ainsi autant qu'on pourra des vrayes qui ont été établies par les Anciens ; on ne se servira aussi que de leur maniere de mesurer. De mesme donc que

Vitruve

Vitruve dans l'Ordre Dorique a diminué le module, qui dans Cʜ. II. les autres Ordres se prend du diametre du bas de la colonne, & a reduit ce grand module à un moyen , qui est le demy diametre ; on le reduit icy au tiers par la même raison que Vitruve a euë, qui est la commodité de determiner sans fraction plusieurs grandeurs par son moyen : car dans l'Ordre Dorique outre que la hauteur de la base, ainsi que dans les autres Ordres, est determinée par un de ces modules moyens; ce même module donne encore les hauteurs du Chapiteau, de l'Architrave, des Triglyphes & des Metopes. Mais nostre petit module pris du tiers du diametre du bas de la colonne, a des utilitez qui s'étendent bien plus loin ; car par son moyen on determine sans fraction les hauteurs des piedestaux , celles des colonnes & des entablemens dans tous les Ordres.

De même donc que le grand module , qui est le diametre de la colonne a soixante minutes, & que le module moyen en a trente , nostre petit en a vingt; en sorte que le grand module en a trois petits , le moyen en a un & demy ; deux grands modules font six petits, deux moyens en font trois, &c. Ainsi qu'il se voit dans la Table qui suit.

TABLE DES MODULES.

Grand module	Min.	Moyen module	Min.	Petit module	Min.
		I. contient	30	I. contient	10 20
				II.	30 40
I. contient	60	II.	60	III.	50 60
		III.	90	IV.	70 80
				V.	90 100
II.	120	IV.	120	VI.	110 120
		V.	150	VII.	130 140
				VIII.	150 160
III.	180	VI.	180	IX.	170 180
		VII.	210	X.	190 200
				XI.	210 220
IV.	240	VIII.	240	XII.	230 240
		IX.	270	XIII.	250 260
				XIV.	270 280
V.	300	X.	300	XV.	290 300

CH. III.   Ce que l'on appelle ordinairement partie, qui eſt la trentiéme partie du demy diametre de la colonne , ſera toûjours appellé minute dans ce Traité, pour éviter l'equivoque, que ce nom de partie cauſeroit , parce qu'il ne ſignifie point icy une certaine partie comme fait le nom de minute ; mais la quote partie, c'eſt à dire la troiſiéme , la cinquiéme , &c. d'une autre partie.

CHAPITRE III.

De la proportion generale des trois parties principales des colonnes entieres.

LEs colonnes entieres dans chaque Ordre ſont compoſées de trois parties principales , qui ſont le Piedeſtail , la Colonne & l'Entablement. Chacune de ces parties eſt encore compoſée de trois autres : car le Piedeſtail a ſa Baſe , ſon Dé ou Tronc & ſa Corniche : La Colonne a ſa Baſe , ſon Fuſt ou Tige & ſon Chapiteau : & l'Entablement eſt compoſé de l'Architrave, de la Friſe & de la Corniche. Les hauteurs de ces trois principales parties entieres ſont determinées par un nombre certain de nos petits modules : car comme on fait les entablemens dans tous les Ordres toûjours égaux ſuivant ma ſuppoſition, on leur donne à chacun ſix petits modules, qui ſont deux diametres ou grands modules. Mais la hauteur du piedeſtail eſtant differente dans chaque Ordre , de même que celle de la colonne , ces parties vont toûjours en croiſſant par des proportions égales , à meſure que les Ordres ſont plus legers & moins maſſifs. Or cette augmentation eſt toûjours d'un module dans les piedeſtaux, & de deux dans les colonnes : de maniere que le piedeſtail Toſcan qui eſt égal à ſon entablement , a ſix modules, le Dorique en a ſept, l'Ionique en a huit, le Corinthien neuf, & le Compoſite dix.

Tout de même les colonnes avec leur baſe & leur chapiteau, ayant leur augmentation, ainſi qu'il a été dit de deux modules, il s'enſuit que la Toſcane ayant vingt-deux modules, la Dorique en a vingt-quatre, l'Ionique vingt-ſix, la Corinthienne vingt-huit, & la Compoſite trente.

Enfin les proportions des trois parties qui compoſent les piedeſtaux ſont auſſi pareilles dans tous les Ordres , car la baſe eſt toûjours la quatriéme partie du piedeſtail, & la corniche la huitiéme ; le ſocle de la baſe a toûjours les deux tiers de la baſe , & il s'enſuit de-là que la hauteur du dé comprend ce qui reſte de toute la hauteur du piedeſtail qui eſt déja determinée.

La colonne a encore sa base d'une même hauteur dans tous les Ordres : sçavoir d'un module & demy, qui est le demy diametre du bas de la colonne. Les chapiteaux sont aussi d'une même hauteur dans l'Ordre Toscan, & dans le Dorique leur hauteur estant égale à celle de la base. A l'Ordre Corinthien & au Composite elle est pareille aussi, étant de trois modules & demy. L'Ionique seul a une proportion qui luy est particuliere.

Les hauteurs des parties des entablemens ont des proportions moins regulieres : Ce qu'ils ont de commun, est que dans tous les Ordres hormis dans le Dorique, les entablemens ont l'architrave & la frise d'une même hauteur, ces parties estant chacune de six-vingtiémes de l'entablement, & la corniche de huit-vingtiémes ; car pour ce qui est de l'Ordre Dorique, il a necessairement ses proportions à part, lesquelles sont reglées par les triglyphes & par les metopes.

Pour ce qui est des largeurs ou saillies, elles sont determinées par les parties du petit module divisé en cinq ; de maniere que par exemple la diminution des colonnes est toûjours d'une de ces cinquiémes, la saillie de l'orle du bas de la colonne est aussi d'une de ces cinquiémes à prendre du nu du bas de la colonne ; la saillie de la base est de trois de ces cinquiémes, & ainsi du reste. Or cette cinquiéme partie contient quatre minutes.

L'explication & la verification de toutes ces proportions se trouvera dans les chapitres suivans.

CHAPITRE IV.

De la hauteur des entablemens.

IL n'y a rien où les Architectes soient moins d'accord que sur la proportion des hauteurs des entablemens, à l'égard de la grosseur des colonnes : car il ne se trouve presque point d'ouvrage, tant des anciens que des modernes où cette proportion ne soit differente ; y ayant des entablemens qui sont prés d'une fois plus grands que d'autres, ainsi qu'il se voit à l'entablement du Frontispice de Neron, comparé à celuy du Temple de Vesta prés de Tivoli.

Cette proportion neanmoins devroit être la mieux reglée de toutes, n'y en ayant aucune qui soit de plus grande importance, ny qui choque davantage, quand elle n'est pas raisonnable ; parce que son défaut est plus facile à connoître qu'aucun autre. Il est certain qu'entre les regles d'Architecture, les principales

Ch. IV. font celles qui appartiennent à la folidité ; & qu'il n'y a rien mefme qui detruife davantage la beauté d'un édifice, que lorf-que dans les parties qui le compofent, on remarque des propor-tions contraires à ce qui doit établir cette folidité , comme quand ces parties paroiffent n'eftre pas capables de fouftenir ce qu'elles portent, & d'eftre portées par ce qui les fouftient. Or cela eft principalement remarquable dans les entablemens & dans les colonnes , la groffeur des colonnes eftant ce qui les rend capa-bles de fouftenir , de mefme que la hauteur des entablemens pro-portionnée à cette groffeur, eft ce qui les rend & les fait paroiftre capables d'eftre foutenus. D'où il s'enfuit que la hauteur des enta-blemens devroit eftre reglée par la groffeur des colonnes ; & que s'il eftoit neceffaire de mettre quelque diverfité dans les entable-mens des differens Ordres, où les colonnes d'une pareille groffeur font plus longues dans les uns que dans les autres , il faudroit donner moins de hauteur aux entablemens, lorfque les colonnes font plus longues ; parce que la longueur d'une colonne la rend & la fait paroiftre plus foible. Cependant le contraire de cela fe trouve pratiqué par les Architectes des ouvrages de l'Antique, où les entablemens ont beaucoup plus de hauteur à proportion de la groffeur de la colonne, dans les Ordres où les colonnes font les plus longues , tels que font le Corinthien & le Compofite, que dans le Dorique & dans l'Ionique où elles font plus courtes.

Dans les trois fortes d'Architecture, qui font l'Ancienne que Vitruve nous a enfeignée , l'Antique que nous étudions dans les ouvrages des Romains, & la Moderne, dont nous avons des livres écrits depuis fix vingts ans ; il fe trouve que Vitruve & la plufpart des modernes ont été à l'égard de la proportion des entablemens dans un excez oppofé à celuy des Architectes de l'Antique , qui ont fait des entablemens d'une grandeur qui paroift infupportable , tels qu'ils font au frontifpice de Neron , & aux trois colonnes du marché de Rome, qu'on appelle communement Campo Vaccino ; de même que les modernes en ont fait de trop mefquins, tels que font ceux que Bullant & de Lorme ont fait fur les regles de Vitruve , lefquels n'ont pas la moitié de ceux de l'Antique. De maniere qu'il femble que les Romains , Auteurs de l'Antique , ayant trouvé que les entablemens de l'Ancienne Architecture pro-pofez par Vitruve eftoient trop petits , & voulant corriger ce défaut , fe font jettez dans une autre extremité peut-eftre auffi vitieufe ; & que quelques-uns des modernes s'eftant apperçus de

cet

cet excez, se font remis à l'ancienne maniere ; au lieu qu'ils **Ch. IV.**
devoient approuver le deffein que les Romains avoient eu,
de remedier au défaut des Anciens, & eftre contens de condamner feulement leur excez.

Quelques-uns cherchant la raifon de cette grande diverfité
de la hauteur des entablemens, ont dit que la differente
grandeur des Edifices & la nature des Ordres, qui font les
uns plus, les autres moins maffifs, pouvoient eftre caufe de
ce changement de proportion, puifque Vitruve a donné des
regles, fuivant lefquelles une colonne de vingt-cinq piez doit
avoir fon architrave d'une douziéme plus haut qu'une colonne
de quinze. Mais il paroift que les Architectes n'ont point eu
d'égard à cette raifon, puifqu'ils ont fait des entablemens à de
petites colonnes, plus grands à proportion qu'à de grandes ;
ainfi qu'il fe voit au Pantheon, où les colonnes des Autels
qui n'ont que le quart de celles du portique, ont leur entablement beaucoup plus grand. On n'a point fuivy non-plus
la proportion des Ordres, puifque les plus maffifs, tels que
font le Tofcan & le Dorique, qui par cette raifon les devoient avoir les plus grands, les ont plus petits à proportion,
que le Corinthien & que le Compofite.

Je ne pretens pas me rendre l'arbitre d'un differend qui eft
entre de fi grands perfonnages, & fi je dis mon fentiment fur
ce fujet, & fur le refte des proportions qui fe trouvent avoir
efté pratiquées ; je ne veux point que mon jugement paffe
pour autre, que pour celuy que les Jurifconfultes appellent le
jugement des Ruftiques, qui fe donnoit dans les caufes où
les chofes eftoient tellement embroüillées, que les Juges les
plus éclairez n'y pouvoient rien connoiftre ; ce jugement eftoit
de partager le differend par la moitié. Car je croy que n'y ayant
rien qui nous puiffe faire connoiftre quelle eft la raifon de
cette grande diverfité, on ne peut faire autre chofe pour
établir une regle certaine avec quelque probabilité, que de
tenir le milieu en prenant une mefure qui ait quelque rapport
avec celle de la colonne, tel qu'eft le double de fon diametre,
& qui foit également diftante des extremitez qui fe trouvent
dans les ouvrages antiques.

Car fi l'on m'objecte qu'il y a des Auteurs & des ouvrages
où les mefures font plus petites que celles que je propofe,
j'oppoferay d'autres Auteurs & d'autres ouvrages auffi autentiques où elles font plus grandes. Il faudra donc fe fouvenir
dans la fuite, que c'eft par cette raifon que je prens toûjours

CH. IV. pour regle & pour mesure des grandeurs, celle qui sera moyenne
& à peu prés également distante des extremitez qui se trouvent
dans les exemples autentiques que je rapporte ; ne croyant pas
qu'il faille s'arrester à peu de minutes, lorsqu'il s'agira de reduire
cette grandeur à une proportion juste & à un nombre entier &
non rompu.

La Table qui suit a cinq colonnes, pour les cinq Ordres, dans
chacune desquelles je mets le nombre des minutes, que les entablemens dont je rapporte les exemples, ont de plus ou de moins
que les six-vingts minutes, que contiennent les deux diametres
ou six petits modules, que je donne à tous les entablemens. Car
elle fait voir que s'il y a quelques entablemens plus petits que
celuy que je propose, tels que sont l'entablement du Temple de
la Sibylle , qui est plus petit de vingt & une minute , celuy de
Vignole qui l'est de trente, & celuy de Bullant qui l'est de trente-sept ; il y en a aussi qui sont plus grands , comme celuy des
trois colonnes du marché de Rome, qui est plus grand de trente-
six, & celuy du Colisée qui l'est de vingt-six.

TABLE DES ENTABLEMENS.

Toscan	Dorique	Ionique	Corinthien	Composite
minutes	minutes	minutes	minutes	minutes
Vitruve 15	Colisée 26	Temp. de la F.V. 18	T. de la Paix 8	Arc des Lions 34
Scamozzi 11	Scamozzi 27	Vignole 18	Port. de Sep. 12	Serlio 30
Vignole 15	Vitruve 15	Th. de Mar. 25	P. de Lorme 19	Vignole 30
Palladio 16	Bullant 15	Colisée 26	T. de Nerva 24	Arc de Sept. 19
Serlio 3	Serlio 13	Palladio 11	Les 3. Colon. 36	Arc de Titus 19
	Palladio 12	Serlio 13	F. de Neron 47	T. de Bacch. 2
	Vignole 10	Scamozzi 15	Scamozzi 0	Palladio 0
	Barbaro 8	De Lorme 16	Palladio 6	Scamozzi 3
	Th. de Mar. 7	Vitruve 19	Vignole 12	
	De Lorme 5	Bullant 35	Serlio 14	
			Vitruve 19	
			T. de la Sib. 21	

On voit encore par cette Table, que le seul Toscan dans les
Auteurs a l'entablement toûjours plus petit que les deux diametres que je luy donne : & je ne croy pas qu'on puisse dire pourquoy cela est ainsi , puisque le Dorique a quelquefois un entablement plus grand que l'Ionique , Scamozzi luy ayant donné

jufqu'à vingt-fept minutes au delà des 120 ; & le plus grand en-
tablement qui fe voye dans l'Ionique eftant celuy du Theatre de
Marcellus qui n'excede les 120 minutes que de 25. Et il y auroit
plus de raifon de donner un grand entablement à l'Ordre Tofcan
qu'au Dorique , par la raifon de la groffeur & de la force qui
eft dans la colonne Tofcane , à caufe qu'elle eft courte à proportion de fa groffeur, ainfi qu'il a efté dit.

CHAPITRE V.

De la longueur des Colonnes.

IL n'eft pas plus aifé de deviner quelle eft la raifon de la
diverfité des longueurs que les Architectes ont donné aux
Colonnes d'un même Ordre , que de la diverfité de la hauteur
de leurs entablemens dans les Ordres differens. Vitruve fait les
Colonnes Doriques des Temples plus courtes qu'aux Portiques
de derriere les Theatres, fans en dire d'autre raifon, finon qu'elles
doivent avoir plus de majefté aux Temples qu'autre-part. Palladio
qui femble avoir pratiqué la même chofe , en donnant plus de
hauteur aux Colonnes qui font fur des Piedeftaux , qu'à celles
qui n'en ont point, l'a fait encore avec moins de raifon : car il
paroift inutile d'alonger les Colonnes, dont les Piedeftaux font
déja comme une efpece d'alongement. Serlio qui fait une colonne d'un tiers plus courte qu'une autre quand elle eft Ifolée,
fe donne une licence qui n'a point d'exemple ; & les raifons
qu'il apporte du befoin qu'une Colonne Ifolée a d'étre plus forte
qu'une autre , font bonnes, mais il en abufe : car comme l'on
peut remedier à la foibleffe des Colonnes Ifolées, en les mettant
prés à prés, je ne croy pas qu'on doive recourir au changement
de proportion, fans une plus grande neceffité.

Nonobftant la grande diverfité de longueur que les colonnes
ont dans les mêmes Ordres, ordonnez par des Auteurs differens,
elles ne laiffent pas d'avoir toûjours une pareille proportion
dans les divers Ordres, comparez les uns aux autres, ce qui fait
qu'elles vont croiffant à mefure que les Ordres font moins grof-
fiers : Mais cette augmentation fe trouve plus grande dans des
Ordonnances que dans d'autres. Car dans l'Antique elle n'eft
que de cinq modules ou demy diametres , pour les cinq Ordres;
la colonne la plus courte qui eft la Tofcane, ayant quinze modules , & la plus grande qui eft la Compofite en ayant vingt.
Dans Vitruve cette augmentation eft auffi de cinq modules ,

CHAP.V. mais elle va de quatorze modules à dix-neuf. Les Modernes l'ont fait plus grande, car elle est dans Scamozzi de cinq modules & demy, dans Palladio & dans Serlio de six, ainsi qu'il se voit dans la Table qui suit, où il faut remarquer que le détail que j'y fais des grandeurs, que les Architectes differens ont donné aux colonnes, est pour en tirer une qui soit moyenne entre les extremitez des unes & des autres, suivant ce que j'ay déja fait à l'égard des hauteurs des entablemens.

Ainsi je suppose la hauteur de la colonne Toscane devoir estre environ de quinze modules, & je luy en donne 14 $\frac{2}{3}$ qui font vingt-deux de mes petits modules, parce que cette mesure est moyenne entre les quatorze du Toscan de Vitruve, & les seize de la Colonne Trajane. Je suppose tout de même la hauteur de la colonne Dorique devoir estre de seize modules, qui font vingt-quatre de mes petits modules ; par ce que cette mesure est moyenne entre les quatorze de Vitruve, & les dix-neuf du Colisée. Je donne aussi à la Colonne Ionique dix-sept modules & un tiers, qui font vingt-six petits modules, parce que cette grandeur est moyenne entre les seize de Serlio, & les dix-neuf du Colisée La Colonne Corinthienne a ainsi dix-huit modules & deux tiers, qui font vingt-huit petits modules, parce que cette hauteur est moyenne entre les seize modules seize minutes du Temple de la Sibylle, & les vingt modules six minutes des trois Colonnes du Marché de Rome. La Colonne Composite par la même methode a vingt modules ordinaires, qui font trente des petits ; parce que cette grandeur est moyenne entre les vingt de l'Arc de Titus, & les dix-neuf & demy du Temple de Bacchus.

TABLE

TABLE DES LONGUEURS DES COLONNES.

		Modules moyens.	Grandeur moyenne. Modules moyens.	Petits modules.
Tos-can.	Vitruve	14	$14\frac{2}{3}$	22
	Colonne Trajane	16		
	Palladio	14		
	Scamozzi	15		
	Serlio	12		
	Vignole	14		
Dori-que.	Vitruve aux Temples	14	16	24
	Vitruve aux Portiq. des Temp.	15		
	Colisée	19		
	Theatre de Marcellus	$15\frac{2}{3}$		
	Scamozzi	17		
	Vignole	16		
Ioni-que.	Colisée	19--2	$17\frac{1}{3}$	26
	Theatre de Marcellus	$17\frac{2}{3}$		
	Palladio	18		
	Serlio	16		
	Vitruve	17		
Corin-thien.	Portique du Pantheon	19--16	$18\frac{2}{3}$	28
	Temple de Vesta	19--9		
	Temple de la Sibylle	16--16		
	Temple de la Paix	19--2		
	Trois Colonnes de C. V.	20--6		
	Temple de Faustine	19		
	Basilique d'Antonin	20		
	Portique de Septimius	19--8		
	Arc de Constantin	17--7		
	Colisée	17--17		
	Vitruve	19		
	Serlio	18		
Compo-site.	Arc de Titus	20	20	30
	Temple de Bacchus	$19\frac{1}{2}$		
	Scamozzi	$19\frac{1}{4}$		
	Arc de Septimius	19--9		

Si l'on m'objecte, que dans l'Antique & dans quelques-uns des
Architectes Modernes on ne trouve point que la progression
D

de l'augmentation de la hauteur des Colonnes ait efté obfervée dans l'Ordre Compofite, ainfi qu'elle eft dans les autres , & que la Colonne Compofite & la Corinthienne font quelque-fois d'une même hauteur, ainfi qu'il paroift par les exemples qui font dans la Table ; je diray que la diftinction des Ordres, eftant principalement dépendante de la proportion qui eft entre la longueur de la Colonne & fa groffeur , il faut, fi l'on veut que l'Ordre Compofite faffe un Ordre different du Corinthien , que cette proportion foit differente. Et c'eft ce qui a fait dire à Vitruve, que les Colonnes, aufquelles on faifoit de fon temps des Chapiteaux que l'on compofoit des ornemens pris dans les autres Ordres, ne faifoient pas d'Ordre different du Corinthien, parce que ces Colonnes n'eftoient pas plus longues que les Corinthiennes. On pourroit encore objecter que cette progreffion d'augmentation eft contraire aux regles de Vitruve, qui fait la Tige de la Colonne Ionique & celle de la Corinthienne d'une même hauteur , au lieu que nous la faifons plus courte dans la Corinthienne. Mais il eft vray que les proportions de l'Architecture Ancienne ont efté changées en cela comme en beaucoup d'autres chofes, par les Auteurs de l'Architecture Antique , que tous les Modernes fuivent, à la referve de Scamozzi, qui fait la Tige de la Colonne Corinthienne à peu prés égale à celle de l'Ionique.

Or parce qu'il eft raifonnable que la progreffion de l'augmentation de chaque Colonne dans les differens Ordres foit égale ; aprés avoir établi la fomme entiere des quatre progreffions qui font depuis le Tofcan jufqu'au Compofite, laquelle je faits de cinq modules moyens & dix minutes , afin qu'elle foit moyenne entre les cinq modules de l'Antique & les cinq & demy des Modernes ; je partage cette fomme qui fait cent foixante minutes en quatre parties égales, donnant quarante minutes à la progreffion de chaque Ordre. Et ainfi ayant fait la Colonne Tofcane de quatorze modules moyens & vingt minutes , je fais la Dorique de feize modules , l'Ionique de dix-fept modules dix minutes ; la Corinthienne de dix-huit modules vingt minutes ; & la Compofite de vingt modules. Mais parce que ces nombres rompus des modules moyens font difficiles à retenir, je me ferts de mes petits modules qui font chacun de vingt minutes , & je donne vingt-deux modules à la Colonne Tofcane, vingt-quatre à la Dorique, vingt-fix à l'Ionique, vingt-huit à la Corinthienne, & trente à la Compofite, la progreffion eftant par tout de deux de mes petits modules, qui font les quarante minutes.

CHAPITRE VI.

De la hauteur des Piedeftaux entiers.

Uoy que les Piedeftaux appellez Stylobates par les Anciens, ne foient point une partie effentielle à la Colonne entiere, comme la Bafe, le Chapiteau, l'Architrave, la Frife & la Corniche ; les Modernes les ont neanmoins adjoûtez aux autres membres qui compofent la Colonne entiere, & leur ont donné des proportions.

On ne trouve rien autre chofe dans Vitruve des Stylobates, finon qu'il y en avoit de deux efpeces, fçavoir un Continu & un comme Recouppé, en autant de parties qu'il y avoit de Colonnes pofées deffus, ce que cét Auteur appelle un Stylobate, fait en maniere d'Efcabeaux ; chaque partie du Stylobate Continu, laquelle fait une faillie au droit de chaque Colonne, eftant comme un efcabeau, fur lequel la Colonne eft pofée : mais il ne dit rien des proportions ny des uns ny des autres.

Dans l'Antique on voit des Piedeftaux continus au Temple de Vefta à Tivoli, à celuy de la Fortune Virile & à l'Arc qu'on nomme des Orfévres. Les Piedeftaux Recoupez fe voyent au Theatre de Marcellus, aux Autels du Pantheon, au Colifée, aux Arcs de Titus, de Septimius, & de Conftantin. Les proportions de ces Piedeftaux, qui ne font que pour l'Ionique, le Corinthien & le Compofite, font à l'ordinaire fort differentes dans chaque Ordre, mais elles ont neanmoins quelque rapport, en ce que ces Piedeftaux de même que les Colonnes ont une progreffion d'augmentation prefque pareille, fçavoir d'environ un module : la moyenne hauteur dans l'Ionique eftant de cinq modules, dans le Corinthien de fix, & dans le Compofite de fept & demy.

Les Modernes ont donné la regle des hauteurs pour les Piedeftaux entiers des cinq Ordres : la plufpart les augmentent d'Ordre en Ordre, avec une progreffion égale comme l'Antique. Vignole & Serlio ont fait des Piedeftaux d'une même hauteur dans des Ordres differens. La fomme de l'augmentation depuis le Tofcan jufqu'au Compofite eft differente dans ces Auteurs, de même qu'elle l'eft dans l'Antique, depuis l'Ionique jufqu'au Compofite ; & dans tous les exemples rapportez dans la Table qui fuit elle va depuis deux modules jufqu'à quatre.

Pour reduire toutes ces diverfitez à une mediocrité moyenne entre les extremitez qu'elles tiennent, je donne fuivant la

Cʜ. VI. methode que j'ay proposée au troisiéme chapitre , quatre demy diametres ou modules à tout le Piedestail Toscan, qui est six de mes petits modules ; & cette hauteur est moyenne entre les grandeurs extrêmes, c'est à dire entre le plus grand & le plus petit des Piedestaux, que les Auteurs ont donné à cet Ordre : & je donne aussi au Piedestail Composite six demy diametres & demy , qui font dix de mes modules ; ce qui est encore une grandeur moyenne entre les extremitez des grandeurs qui luy ont esté données : d'où il s'ensuit que la somme de l'augmentation est de deux demy diametres deux tiers , laquelle estant partagée en quatre , donne deux tiers de module ou demy diametre à chaque augmentation qui fait un des petits modules. De maniere que le Piedestail Toscan est de six petits modules , le Dorique est de sept , l'Ionique de huit, le Corinthien de neuf, & le Composite de dix ; la progression estant d'un module, ainsi que l'on peut voir dans la Table, où la plus grande hauteur dans le Toscan , laquelle est de cinq modules dans Vignole jointe à la plus petite qui est de trois dans Palladio , fait le nombre de huit modules , dont la moitié fait les quatre de la grandeur moyenne que je prens, & qui ont rapport à six petits modules. Dans l'Ordre Dorique la plus grande hauteur qui est de six modules dans Serlio jointe à la plus petite, qui est de quatre modules cinq minutes dans Palladio , fait le nombre de six modules cinq minutes, dont la moitié est les quatre modules vingt minutes , qui répondent à sept petits modules. Dans l'Ionique la plus grande hauteur qui est de sept modules douze minutes au Temple de la Fortune Virile , jointe à la plus petite qui est de trois modules huit minutes dans le Theatre de Marcellus , fait le nombre de dix modules vingt minutes , dont la moitié est les cinq modules dix minutes , qui répondent à huit petits modules. Dans le Corinthien , la plus grande hauteur qui est de sept modules vingt-huit minutes dans les Autels du Pantheon , jointe à la plus petite qui est de quatre modules deux minutes dans le Colisée, fait le nombre de douze modules , dont la moitié est les six modules , qui répondent à neuf petits modules. Dans le Composite la plus grande hauteur qui est de sept modules huit minutes dans l'Arc des Orfévres , jointe à la plus petite, qui est de six modules deux minutes dans Scamozzi, fait le nombre de treize modules dix minutes, dont la moitié est six modules vingt minutes, qui répondent à dix petits modules.

TABLE

TABLE DE LA HAUTEUR DES PIEDESTAUX.

		Modules	minutes	Grandeur moyenne.	
				Module moyen	Petit module.
Tof-can.	Palladio	3	0		
	Scamozzi	3	12	4	6
	Vignole	5	0		
	Serlio	4	15		
Dori-que.	Palladio	4	5	min.	
	Scamozzi	4	8	4 - 20	7
	Vignole	5	4		
	Serlio	6	0		
Ioni-que.	Temple de la Fortune Virile	7	12		
	Theatre de Marcellus	3	8		
	Colifée	4	22		
	Palladio	5	4	5 - 10	8
	Scamozzi	5	0		
	Vignole	6	0		
	Serlio	6	0		
Corin-thien.	Autels du Pantheon	7	28		
	Colifée	4	2		
	Palladio	5	1	6	9
	Scamozzi	6	11		
	Vignole	7	0		
	Serlio	6	15		
Compo-fite.	Arc des Orfévres	7	8		
	Palladio	6	7		
	Scamozzi	6	2	6 - 20	10
	Vignole	7	0		
	Serlio	7	4		

CHAPITRE VII.

De la Proportion des parties des Piedeftaux.

LE Piedeftail eftant compofé de la Bafe, du Dé ou Tronc & de la Corniche ; ces parties ont des proportions fort differentes dans les ouvrages des Anciens , de même que dans

E

CH. VII. ceux des Modernes. La proportion qui se trouve generalement observée dans l'Antique, est que la Base est plus grande que la Corniche, & que des deux parties dont la Base est composée, le Socle est toûjours plus grand que les Moulures, lesquelles prises ensemble, font le reste de la Base. Parmy les Modernes Serlio & Vignole n'ont point observé ces proportions, car ils font le Socle plus petit que les Moulures : en quoy il semble qu'ils ont voulu imiter les Bases des Colonnes, où le Plinthe qui est comme leur Socle, ne fait que le quart ou le tiers de la Base.

Palladio & Scamozzi ont suivy les proportions generales de l'Antique : ce qu'ils ont de plus regulier que l'Antique est qu'ils font toûjours la Base du double de la Corniche. Scamozzi dans le Composite, dans l'Ionique, & dans le Dorique, fait le Socle double des Moulures.

Il ne faut changer que peu de chose aux proportions de ces trois parties, pour leur en faire avoir une reguliere par tout, telle qu'est celle que je leur donne, qui est de faire dans tous les Ordres la Base de la quatriéme partie de tout le Piedestail, la Corniche de la huitiéme, & le Socle des deux tiers de la Base. On peut voir dans la Table suivante, de combien de peu de chose il s'enfaut, que les ouvrages Antiques & les Modernes ne s'accordent avec les proportions que je propose. Et l'on doit remarquer que dans les exemples que je rapporte, il ne s'agit point des proportions des Piedestaux par rapport aux Ordres ; mais seulement des proportions des parties du Piedestail, par rapport au Piedestail entier, dont la grandeur qu'il doit avoir par rapport aux Ordres, est reglée dans le Chapitre precedent.

Je partage donc tous les Piedestaux de chaque Ordre, en six-vingts particules, que je n'appelle point minutes, parce qu'ainsi qu'il a esté dit, j'entens par minute, la soixantiéme partie du diametre de la Colonne, qui est une mesure certaine ; au lieu que la particule dont il s'agit icy, est la six-vingtiéme partie de châque Piedestail, de quelque grandeur qu'il puisse estre. Cela estant, je donne à la Base entiere du Piedestail trente de ces particules, qui est le quart de tout le Piedestail, & vingt au Socle, qui a les deux tiers de la Base, laissant-les dix qui restent pour les Moulures de la Base. Je donne quinze de ces particules à la Corniche, & le reste qui est soixante & quinze au Dé : Et cela suivant les grandeurs moyennes, prises des exemples de l'Antique, qui sont dans la Table suivante, laquelle contient le nombre des particules, que chacune des parties des Piedestaux a dans tous les Ordres. Ainsi pour avoir la hauteur du Socle, je joints

la plus grande hauteur, qui eſt de trente, dans le Temple de la
Fortune Virile, avec la plus petite qui eſt de dix, à l'Arc de
Conſtantin, qui font quarante, dont la moitie fait les vingt
que je luy donne. Je trouve par la même methode les dix particules, qui font la hauteur des Moulures de la Baſe, en joignant
la plus grande hauteur qu'elle ait, qui eſt dix-neuf au Temple
de la Fortune Virile avec la plus petite, qui eſt onze au Coliſée,
qui font trente, dont la moitié eſt les quinze que je luy donne.
Enfin par la même methode je trouve les ſoixante & quinze
particules, qui font la hauteur du Dé, joignant la plus grande
hauteur, qui eſt de quatre - vingt - quatre à l'Arc des Orfévres,
avec la plus petite, qui eſt de ſoixante & ſix au Temple de la
Fortune Virile, qui font cent cinquante dont la moitié, eſt les
ſoixante & quinze.

TABLE DE LA HAUTEUR DES PARTIES
DES PIEDESTAUX.

		Socle	Moulures de la Baſe.	Dé	Corniche
Dorique.	Palladio	25 particul.	6 particul.	68 particul.	18 particul.
	Scamozzi	27	14	60	21
Ionique.	Temple de la Fortune Virile.	30	12	66	19
	Coliſée.	28	8	73	11
	Palladio.	22	11	70	17
	Scamozzi.	25	12	65	18
Corinthien.	Arc de Conſtantin	10	14	79	17
	Coliſée	24	11	73	12
	Palladio	19	12	73	15
	Scamozzi	18	11	77	14
Compoſite.	Arc de Titus	26	14	67	13
	Arc des Orfévres	19	9	84	11
	Palladio	21	10	74	15
	Scamozzi	21	10	74	15
	Arc de Septimius	15	14	76	14
	Grandeurs moyennes	20	10	75	15

Les Piedeſtaux ont encore cela de commun dans tous les
Ordres, que la largeur de leur Dé eſt toûjours la même, eſtant

Ch.VIII. égale à la ſaillie des Baſes des Colonnes , laquelle eſt pareille dans tous les Ordres , ainſi qu'il a eſté determiné dans le troiſiéme Chapitre , & qu'il ſera expliqué dans la ſuite.

CHAPITRE VIII.

De la Diminution & du Renflement des Colonnes.

POur ſatisfaire aux deux choſes qui ſont les plus importantes dans l'Architecture : ſçavoir la ſolidité & l'apparence de la ſolidité , laquelle ainſi qu'il a déja eſté dit, fait une des principales parties de la beauté des édifices. Tous les Architectes ont rendu les Colonnes plus menuës par en haut que par embas, & c'eſt cela que l'on appelle la Diminution : Quelques-uns les ont tenuës encore un peu plus groſſes vers le milieu que vers le bas, & cela eſt ce que l'on appelle le enflement.

Vitruve veut que la diminution des Colonnes ſoit differente ſelon la grandeur & non ſelon le nombre des modules : de maniere , qu'il faut qu'une Colonne de quinze piés ſoit diminuée de la ſixiéme partie du diametre d'embas, & qu'une de cinquante piés ne le ſoit que de la huitiéme , & ainſi dans les autres grandeurs moyennes , il fait des diminutions à proportion. Mais on ne trouve point dans l'Antique, que ces regles ſoient obſervées : car les grandes Colonnes du Temple de la Paix , & du Portique du Pantheon , celles du Marché de Rome , appellé Campo Vaccino, & de la Baſilique d'Antonin, n'ont point une autre diminution que celles du Temple de Bacchus , qui ne ſont hautes que du quart des autres ; & il y en a même de fort grandes , comme celles du Temple de Fauſtine , du Portique de Septimius , du Temple de la Concorde, & des Thermes de Diocletien , qui ont plus de diminution que d'autres plus petites de la moitié, telles que ſont celles des Arcs de Titus, de Septimius, & de Conſtantin. Enfin ces petites Colonnes qui ont moins de quinze piés , n'ont point une auſſi grande diminution qu'eſt celle de la ſixiéme partie que Vitruve leur donne, n'eſtant diminuées qu'environ de la ſeptiéme partie & demie , non plus que les grandes , qui bien qu'elles paſſent les cinquante piés de Vitruve , ne laiſſent pas d'avoir plus de diminution qu'il ne leur en preſcrit, allant juſqu'à cette même ſeptiéme partie & demie, au lieu de la huitiéme ſeulement, qu'elles devroient avoir, ſelon la regle de Vitruve.

La difference des Ordres ne fait point faire auſſi une diminution

tion differente, y ayant des petites & des grandes diminutions CH. VIII.
dans des ouvrages differens de tous les Ordres. Il faut neanmoins
excepter la Colonne Toscane, à laquelle Vitruve donne une
diminution, qui va jusqu'à la quatriéme partie. Mais comme
quelques-uns des Modernes n'ont pas suivy Vitruve en cela, &
que Vignole ne luy donne de diminution que la cinquiéme,
& qu'à la Colonne Trajane le seul ouvrage Toscan qui nous
reste des Anciens, la diminution est encore bien plus petite,
n'estant que d'une neuviéme partie ; pour tenir un milieu entre
ces extremitez, je donne une sixiéme partie de diminution à la
Colonne, au lieu des sept & demie seulement, qu'ont celles
des quatre autres Ordres. Car quoique suivant la raison s'il faloit
changer la diminution selon les Ordres, on deût la faire moindre, plûtost que l'augmenter dans ceux où les Colonnes sont
les moins longues à proportion de leur grosseur, parce que c'est
dans celles-la que la diminution paroist davantage ; neanmoins
cette diminution que Vitruve donne à la Colonne Toscane,
estant suivie de la pluspart des Architectes, je croy qu'il faut
ayant égard à l'accoûtumance, qui est une des principales loix
de l'Architecture, augmenter de quelque chose cette diminution dans l'Ordre Toscan.

J'ay mis dans la Table qui suit, les differences des grandeurs
dans les divers Ordres avec leurs diminutions, pour faire voir
par ces exemples, que les Anciens n'ont point fait les diminutions differentes selon les differens Ordres, ny suivant les differentes grandeurs des Colonnes ; y ayant des diminutions differentes dans un même Ordre & dans une même grandeur de
Colonne ; & aussi des diminutions pareilles dans des Ordres differens, & dans des Colonnes de grandeur differente. Car on y
voit par exemple, que la Colonne Dorique du Theatre de Marcellus, & la Dorique du Colisée, qui sont à peu prés d'une
même grandeur, ont une diminution tres differente, comme de
douze à quatre, que l'Ionique du Temple de la Fortune Virile
& celuy du Colisée, qui sont aussi d'une même grandeur, ont
une diminution differente, comme de sept à dix, & qu'au contraire, il y a une même diminution dans la Colonne du Temple
de la Fortune Virile, & dans celle du Portique de Septimius,
dont l'une est d'Ordre Ionique, & ayant seulement vingt &
deux piés, & l'autre est d'Ordre Corinthien, qui a jusqu'à trente-
sept piés.

Or de toutes les differentes diminutions qui ont esté données
à toutes les Colonnes, dont les exemples sont rapportez dans

Ch.VIII. cette Table , j'en tire une moyenne , joignant le nombre de la plus petite diminution au nombre de la plus grande, & prenant la moitié de ce nombre , qui va environ a huit minutes. Car si l'on joint le nombre de la plus petite diminution , qui est celle de la Colonne Dorique du Colisée , qui n'est que de quatre minutes & demie , avec le nombre de la plus grande , qui est celle du Dorique du Theatre de Marcellus qui va jusqu'à douze, la moitié de ces deux nombres , qui joints ensemble font seize & demy , est huit & un quart : tout de même si l'on joint le nombre de la plus petite diminution des Colonnes qui restent , qui est six & un huitiéme , dans la Colonne de la Basilique d'Antonin , avec la plus grande qui est dix & demy , dans la Colonne du Temple de la Concorde , la moitié de ces deux nombres , qui joints ensemble font seize & cinq huitiémes , est huit & cinq seiziémes. Or cette grandeur de huit minutes, qui à tres peu pres , fait une septiéme partie & demie du diametre de la Colonne , fait de chaque costé la cinquiéme partie de mon petit module, laquelle est de quatre minutes. Je n'ay point mis les diminutions des modernes , parce qu'elles font pareilles à celles de l'Antique, qui font differentes dans les differens Auteurs & dans les Ordres differens.

TABLE DE LA DIMINUTION DES COLONNES.

		Hauteur de la Tige	Diametre	Diminution
		piés — pouces	piés — pouces	minutes
Dorique.	Theatre de Marcellus	21 — 0 — 0	3 — 0 — 0	12 — 0
	Colisée	22 — 10 — 1/2	2 — 8 — 1/4	4 — 1/2
Ionique.	Temple de la Concorde	36 — 0 — 0	4 — 2 — 1/2	10 — 1/2
	Temple de la Fortune Virile	22 — 10 — 0	2 — 11 — 0	7 — 1/2
	Colisée	23 — 0 — 0	2 — 8 — 3/4	10 — 0
Corinthien.	Temple de la Paix	49 — 3 — 0	5 — 8 — 0	6 — 1/2
	Portique du Pantheon	36 — 7 — 0	4 — 6 — 0	6 — 1/8
	Autels du Pantheon	10 — 10 — 0	1 — 4 — 1/2	8 — 0
	Temple de Vesta	27 — 5 — 0	2 — 11 — 0	6 — 1/4
	Temple de la Sibylle	19 — 0 — 0	2 — 4 — 0	8 — 0
	Temple de Faustine	36 — 0 — 0	4 — 6 — 0	8 — 0
	Colonn. de Campo Vaccino	37 — 6 — 0	4 — 6 — 1/2	6 — 1/2
	Basilique d'Antonin	37 — 0 — 0	4 — 5 — 1/2	6 — 1/8
	Arc de Constantin	21 — 8 — 0	2 — 8 — 3/4	7 — 0
	Dedans du Pantheon	27 — 6 — 0	3 — 5 — 0	8 — 0
	Portique de Septimius	37 — 0 — 0	3 — 4 — 0	7 — 1/4
Composite.	Thermes de Diocletien	35 — 0 — 0	4 — 4 — 0	11 — 1/3
	Temple de Bacchus	10 — 8 — 0	1 — 4 — 1/4	6 — 1/2
	Arc de Titus	16 — 0 — 0	1 — 11 — 2/3	7 — 0
	Arc de Septimius	21 — 8 — 0	2 — 8 — 1/2	7 — 0

La Diminution des Colonnes se fait en trois manieres. La premiere & la plus ordinaire, est de commencer la diminution au bas de la Colonne, & la continuer jusqu'au haut. La seconde qui est aussi pratiquée dans l'Antique, est de ne commencer la Diminution qu'au tiers du bas de la Colonne. La troisiéme, dont on ne trouve point d'exemple dans l'Antique, est de tenir la Colonne plus grosse vers le milieu, & la diminuer vers les deux extremitez, c'est à dire devers la Base & vers le Chapiteau, ce qui luy fait avoir comme un ventre, qu'on appelle le Renflement.

Quelques-uns des Modernes ont fait ce Renflement aux Colonnes, se fondant sur un endroit de Vitruve, où cet Auteur

Ch. IX. promet de donner les regles pour le faire ; mais il n'execute point cette promesse. Vignole a inventé une maniere ingenieuse pour regler ce Renflement, & tracer la ligne de son profil de telle sorte, que les deux lignes qui font le profil de la Colonne, se courbent vers les extremitez par une même proportion, en se courbant deux fois plus vers le haut que vers le bas, à cause que la partie d'enhaut est deux fois plus longue que celle d'embas. Monsieur Blondel dans son traité des quatre principaux problemes d'Architecture, a enseigné comment cette ligne peut estre décrite d'un seul trait, avec l'instrument que Nicomede a trouvé, pour tracer la ligne appellée la premiere Conchoïde des Anciens. Cette pratique peut servir seulement pour la ligne de Diminution, qui va depuis le bas de la Colonne jusqu'au haut, de maniere qu'elle ne se recourbe point vers le bas, mais qu'elle y tombe perpendiculairement : si ce n'est qu'on veuille faire commencer cette courbure au dessus du tiers d'embas, qui doit estre droit, faisant deux lignes paralleles : Car je ne croy point qu'on doive diminuer la Colonne par embas, puisque ny les Architectes de l'Antique, ny même la pluspart des Modernes ne l'ont point fait.

CHAPITRE IX.

De la Saillie de la Base des Colonnes.

LA Saillie des Bases des Colonnes est encore une des grandeurs que je croy avoir esté pareilles originairement dans tous les Ordres des Anciens : car il se trouve que dans l'Antique, de même que dans les Auteurs Modernes, elles sont ou égales ou indifferemment tantost plus grandes, tantost plus petites dans les mémes Ordres. Par exemple au Colisée le Dorique a une même Saillie de Base qu'au Temple de la Concorde, qui est Ionique, & qu'au Corinthien du même Colisée ; & le Toscan de Serlio a une plus grande Saillie de Base que son Composite ; & au contraire, le Composite de Scamozzi en a une plus grande que son Toscan.

Les regles que Vitruve donne de cette mesure sont assez embroüillées. Quand il parle en general de la Saillie des Bases, il leur donne jusqu'au quart du diametre de chaque costé, ce qui surpasse de beaucoup la plus grande Saillie, qui se trouve dans l'Antique ; & quand il parle de la Base Ionique, qu'il ne fait point differente de la Corinthienne, il ne la

fait

fait gueres plus grande que la plus petite des Antiques.

Or la largeur que je donne aux Bases de tous les Ordres, est de quatre-vingt-quatre minutes, qui sont quarante-deux de chaque costé, à cause des douze que j'adjoûte aux trente du demy diametre. Car douze sont ainsi qu'il a esté dit au troisiéme Chapitre, les trois parties que je prens dans les cinq que contient mon petit module, qui estant de vingt minutes, chacune de ses cinquiémes est de quatre minutes : Et ces douze minutes ne s'éloignent presque point du tout de la grandeur moyenne, qui se trouve dans l'Antique & dans les Modernes ; ainsi qu'on le peut verifier dans la Table suivante, dans laquelle on peut prendre cette grandeur moyenne, ainsi qu'il a esté fait au Chapitre precedent, pour la diminution des Colonnes. Car si l'on joint le nombre de la plus petite Saillie, qui est quarante dans le Corinthien du Colisée, au nombre de la plus grande, qui est quarante quatre dans l'Arc de Titus, on trouvera les quatre-vingt-quatre dont la moitié fait les quarante deux dont il s'agit : Et si l'on joint encore la plus petite Saillie, qui se trouve dans les exemples qui restent dans la Table, qui est quarante & un dans le Portique du Pantheon, avec la plus grande, qui est quarante trois dans le Temple de la Fortune Virile, on trouvera aussi le même nombre de quatre-vingt-quatre minutes.

TABLE DE LA SAILLIE DES BASES DES COLONNES.

	Toscan	Dorique	Ionique	Corinth.	Composite
Portique du Pantheon				41	
Colonnes de Campo Vaccino				42	
Pilastres du Portiq. du Pant.				43	
Thermes de Diocletien				42	43
Colonne Trajane	40				
Palladio	40	40	41	42	42
Scamozzi	40	42	41	40	41
Vignole	41	41	42	42	42
Serlio	42	44	41	40	41
Temple de la Fortune Virile			43		
Colisée		40	40	40	
Temple de Bacchus					41
Arc de Titus					44
Arc de Septimius					41

CHAPITRE X.

De la Saillie de la Base, & de la Corniche des Piedestaux.

COmme les Piedestaux n'estoient pas en un usage si commun parmy les Anciens qu'ils ont esté du depuis, les Modernes ne se sont pas beaucoup attachez à suivre les proportions de ceux qui nous sont restez de l'Antique : mais sur tout, ils ont rejetté les grandes Saillies que l'Antique donne à leurs Bases, lesquelles sont ordinairement plus grandes d'un tiers & d'avantage , qu'elles ne sont dans les Auteurs Modernes. Ce que l'on peut recüeillir des Regles generales, pratiquées par les Anciens, est qu'ils ont proportionné cette Saillie à la hauteur des Piedestaux, ce que les Modernes n'ont pas observé , la faisant toûjours presque égale dans tous les Ordres, où la hauteur des Piedestaux est beaucoup differente : & je croy qu'en cela ils n'ont pas raison : car si dans les Colonnes la Saillie des Bases est égale dans tous les Ordres , quoique la hauteur des Colonnes soit differente, c'est parce que les Bases ont une hauteur toûjours pareille dans tous les Ordres , si l'on en excepte seulement le Toscan, où elle est un peu plus basse que dans les autres, parce qu'elle comprend l'Orle du bas de la Colonne : Or par la même raison les Saillies des Bases des Piedestaux doivent estre differentes , puisque leurs hauteurs sont differentes , estant proportionnées à la hauteur de tout le Piedestail , laquelle est differente dans les differens Ordres.

Afin de nous éloigner le moins qu'il est possible des regles de nos Maîtres, nous tenons une mediocrité qui fait que nous imitons les Anciens dans la proportion que la Saillie de la Base a avec la hauteur dans leurs Piedestaux , & nous suivons les Modernes en ce qu'ils ont retranché quelque chose de la trop grande Saillie que les Anciens donnoient en general à ces Bases. La raison que les Modernes ont eu de diminuer cette grande Saillie, est apparemment fondée sur la Regle de l'apparence de Solidité, dont il a déja esté parlé : Car de même que les Empatemens qui s'élargissent trop à coup ne sont pas solides, parce qu'estant faits de plusieurs pierres posées les unes sur les autres , celles de dessous qui font l'extremité de l'Empatement ne soûtiennent point le mur pour lequel l'Empatement est fait , estant hors de l'aplomb de ce mur , mais soûtiennent seulement les dernieres parties de l'Empatement ; en sorte que les retraites

que l'on fait d'assise en assise doivent estre tres courtes , si l'on CH. X.
veut que l'Empatement soit solide ; les Bases aussi ne sçauroient
paroistre solides & capables de soûtenir le Tronc du Piedestail
si leur Saillie est trop grande.

Je fais donc dans tous les Ordres les Bases des Piedestaux ,
sans comprendre les Socles , avec une Saillie égale à leur hauteur;
& ainsi comme la hauteur des Bases est differente dans le Piedestail de chacun des Ordres , la Saillie de la Base est differente
dans tous les Ordres.

Pour ce qui est de la Saillie des Corniches des Piedestaux ,
les Anciens & la pluspart des Modernes s'accordent , en ce
qu'ils la font ordinairement ou égale ou un peu plus grande
que celle de la Base ; ce qui est suivant la raison , qui veut
qu'une Corniche qui est faite pour couvrir , s'avance au delà de
ce qu'elle couvre. De Lorme neanmoins dit , qu'il faut que la
Base ait toûjours plus de Saillie que la Corniche , quoique le
contraire se voye dans ses figures.

La Table qui suit fait voir les proportions de ces Saillies dans
les ouvrages des Anciens & des Modernes , que je compare à
celles que je leur donne. Le nombre des Minutes est la Saillie
de la Base & de la Corniche à prendre du nû du Dé du Piedestail
en dehors. Les hauteurs de tout le Piedestail sont mesurées par
le module moyen.

Les grandeurs moyennes dans ces Saillies des Bases & des
Corniches des Piedestaux , ne sont pas si précisément au milieu
des extremitez qui se voyent dans les exemples rapportez dans
la Table : il suffit qu'elles sont moyennes , en ce que de même
qu'il y en a de plus grandes dans les exemples , il y en a aussi
de plus petites. Par exemple la grandeur moyenne de la Saillie
que je donne à la Base du Piedestail de l'Ordre Dorique , que
je faits de douze minutes , est plus grande que celle que Vignole
luy donne , qui n'est que de onze , & plus petite que celle de
Palladio qui est de seize , & ainsi du reste.

TABLE DE LA SAILLIE DES BASES ET DES CORNICHES DES PIEDESTAUX.

		Saillie de la Base.	Saillie de la Corniche.	Hauteur de tout le Piedestail.	
		minutes	minutes	moyens modul.	min.
Dorique	Palladio	16	16	4	20
	Vignole	11	11	5	10
	Nôtre mesure	12	14	4	20
Ionique	Temple de la Fortune Virile	26 $\frac{1}{4}$	13	7	4
	Palladio	14	14	5	5
	Vignole	14	16	6	
	Nôtre mesure	14	17	5	$\frac{1}{3}$
Corinthien	Temple de Vesta à Tivoli	24 $\frac{1}{2}$	24	6	7
	Palladio	16	16	5	
	Vignole	13	13	6	6
	Nôtre mesure	15	19	6	
Composite.	Arc de Titus	28	27	8	15
	Arc de Septimius	24 $\frac{2}{3}$	25 $\frac{1}{4}$	6	
	Palladio	14	14	6	$\frac{1}{3}$
	Vignole	13	13	7	
	Nôtre mesure	16	22	6	$\frac{1}{3}$

CHAPITRE XI.

De la Saillie que doivent avoir les Corniches des Entablemens.

Vitruve donne une Regle generale pour toutes les Saillies des membres d'Architecture : il veut qu'elles soient toûjours égales à la hauteur des membres Saillans : mais il est certain que cela se doit restraindre à la Saillie de la Corniche entiere des Entablemens comparée à sa hauteur : parce qu'il y a des membres particuliers dans les Corniches, comme le Denticule, dont la Saillie est beaucoup moindre que la hauteur ; & d'autres, comme le Larmier où elle est toûjours plus grande : Et cette Regle, même pour les Corniches entieres, ne se trouve pas avoir esté observée dans l'Antique non plus que parmy les
Modernes

Modernes : car le plus souvent dans l'Antique , la Saillie des Corniches est un peu moindre que n'est leur hauteur , au contraire de ce qui se voit dans les Livres des Modernes , où la pluspart des Corniches ont plus de Saillie que de hauteur.

La pluspart des Architectes croyent, que le fin de l'Architecture consiste à sçavoir changer les proportions avec prudence, ainsi qu'ils disent , ayant égard aux differentes circonstances de la diversité des Aspects & des grandeurs des édifices ; car ils pretendent, que les uns demandent de plus grandes Saillies que les autres dans les Corniches, par la raison que la proximité ou l'éloignement qui fait la difference de l'aspect, de même que la hauteur ou le peu d'éxhaussement , faisant paraistre les Saillies ou moindres ou plus grandes qu'elles ne sont , il est necessaire de suppleer à cet inconvenient, par l'augmentation ou la diminution des Saillies : & ils veulent faire croire, que la diversité qui se trouve dans celles des ouvrages Antiques, doit estre attribuée à cette raison. Mais il est evident que les Anciens n'ont point eu cette intention , puisqu'aux édifices où les Saillies devroient estre plus grandes par la raison de l'Aspect, dont la grandeur selon le raisonnement des Modernes, demande une grande Saillie, il se trouve qu'au contraire , les Anciens l'ont faite plus petite, ainsi qu'il se voit au Pantheon , où la Saillie est plus petite à la Corniche du Portique qu'à celle du dedans du Temple où l'aspect est sans comparaison beaucoup moins grand. Il paroist encore que les Saillies n'ont point été changées , par la raison de la grandeur du module qui fait la grandeur de l'Edifice, puisqu'il se trouve que la Saillie est égale à la hauteur , ou même qu'elle est moindre dans les plus grands édifices , ainsi qu'il se voit au Temple de la Paix , aux Colonnes de Campo Vaccino, & à celles des Thermes de Diocletien, qui sont les bâtimens de l'Antique, dont le module est le plus grand : car dans ces grands Ordres, la Saillie des Corniches est plus petite qu'aux plus petits, tels qu'est le Temple de Vesta à Tivoli. Et ce qui fait voir que toute cette diversité n'a point d'autre fondement que le hazard, il y a aussi de petits Edifices où la Saillie est plus petite qu'aux grands, ainsi qu'il se voit aux Autels du Pantheon, où la Saillie est plus petite qu'au Portique, dont l'Ordre est prés de quatre-fois plus grand. Il sera parlé cy-aprés du changement des proportions plus amplement dans un Chapitre à part.

La Table qui suit , est pour verifier les exemples qui ont esté rapportez cy-dessus.

H

TABLE DES DIFFERENTES SAILLIES
DES ENTABLEMENS.

Il y a plus de Saillie que de hauteur aux Corniches.	minutes	Grandeur de l'Ordre. piés	pouc.
Du Temp. de V. à T. de	4 — 0	25	4
De l'Ioniq. du Colis. de	1 — 0	25	0
Du Dorique du Col. de	0 — 1/4	31	1/2
De l'Arc de Constant. de	0 — 0	40	1/3
Du Portique de Sept. de	2 — 0	40	0
Du dedans du Panth. de	0 — 1/3	47	0
Du Temple de la C. de	16 — 0	53	7
Du Temple de Faust. de	0 — 1/2		
De l'Ioniq. de Scam. de	3 — 0		
Du Corint. de Pallad. de	0 — 1/3		
Du Corint. de Vig. de	4 — 0		
Du Comp. de Pallad. de	1 — 0		
Du Comp. de Scam. de	1 — 1/4		

Il y a plus de hauteur que de Saillie aux Corniches.	minutes	Grandeur de l'Ordre. piés	pouc.
De l'Arc des Or. de	6 — 0	17	0
Des Autels du P. de	7 — 0	16	0
De l'Arc de Titus de	0 — 0	25	0
De l'Ion. du T. de M.	9 — 0	28	0
Du Temple de B. de	5 — 0	28	7
Du Corin. du Col. de	3 — 0	30	2
Du T. de la F. V. de	12 — 0	32	0
De l'Arc de Sept. de	13 — 1/2	33	0
Du Port. du Pant. de	2 — 0	54	0
Des trois Colonn. de	1 — 1/2	58	0
Du T. de la Paix de	7 — 0	58	0
De l'Ion. de Pal. de	7 — 0		
De l'Ion. de Vign. de	1 — 1/2		

La diversité de la proportion de toutes ces Corniches donne lieu à la reduire à une moyenne, qui est de faire la Saillie égale à la hauteur dans tous les Ordres excepté dans le Dorique, quand on y met des Mutules ; parce que leur longueur oblige à donner à la Corniche entiere plus de Saillie que de hauteur : car si l'on fait cette Corniche sans Mutules, comme elle est au Colisée, la Saillie peut estre égale à la hauteur, ainsi qu'elle l'est dans ce celebre Edifice.

CHAPITRE XII.

De la Proportion des Chapiteaux.

QUoique les Bases des Ordres differens soient beaucoup differentes, les unes estant plus simples, & les autres ayant un plus grand nombre de Moulures, elles ne laissent pas d'estre d'une même hauteur, ayant toutes le demy diametre du bas de la Colonne, à la reserve de la seule Toscane, où le filet du bas de la Colonne est compris dans ce demy diametre. Il n'en est pas de même des Chapiteaux, dont il y en a de trois sortes

de hauteurs dans les cinq Ordres , le Chapiteau Toſcan & le Ch. XIII.
Dorique , ayant la même hauteur que leur Baſe , & le Corinthien de même que le Compoſite , ayant le diametre entier , &
une ſixiéme partie de ce diametre , qui eſt trois petits modules
& demy ; & enfin l'Ionique ayant une proportion ſinguliere ,
qui eſt que depuis le haut du Tailloir juſqu'au bas des Volutes ,
il y a un demy diametre du bas de la Colonne , avec une dix-
huitiéme partie de ce diametre ; & juſqu'à l'Aſtragale du haut de
la Colonne onze de ces dix-huitiémes , qui ſont des proportions
un peu embaraſſées.

Les Proportions faciles des autres Chapiteaux ne ſe trouvent
pas neanmoins dans tous les ouvrages Antiques ny dans tous les
Auteurs Modernes. Le Toſcan de la Colonne Trajane eſt plus
petit que le demy diametre du bas de la Colonne de tout un
tiers ; il eſt plus haut au Theatre de Marcellus de prés de trois
minutes , & au Coliſée de prés de huit. Le Chapiteau Corinthien
dans Vitruve , eſt plus bas que le diametre de la Colonne , joint
à la ſixiéme partie ; au Temple de la Sibylle , il l'eſt de treize. Il
eſt plus haut au Frontiſpice de Neron de ſix , au Temple de
Veſta à Rome de plus de ſept : le Compoſite du Temple de
Bacchus l'a plus haut de ſix minutes ; celuy de l'Arc de Septimius & celuy des Orſévres l'ont plus bas d'une minute & demie.

De ſorte que ces diverſitez oppoſées peuvent établir la probabilité de la proportion mediocre , qui reduit la hauteur des
Chapiteaux de l'Ordre Toſcan & du Dorique au demy diametre
du bas de la Colonne , & celle des Chapiteaux de l'Ordre Corinthien & du Compoſite au diametre entier avec une ſixiéme qui
fait ſoixante & dix minutes , c'eſt à dire trois petits modules &
demy.

CHAPITRE XIII.

De la Proportion que doit avoir l'Aſtragale & l'Orle du Fuſt des Colonnes.

Dans tous les Ordres les Colonnes ont des membres qui
terminent leur Tige ou Fuſt , leſquels ſont ordinairement
les mêmes : ſçavoir au haut un Aſtragale avec ſon filet , & un
Liſteau ou Orle aſſez large au bas. Ces parties n'ont point de
Proportion déterminée dans l'Antique , où on les trouve tantoſt
grandes tantoſt petites , ſans qu'on puiſſe ſçavoir la raiſon de cette
diverſité. Les Modernes ont fait la même choſe : mais je croy

 qu'on peut donner les mémes Proportions à ces membres dans tous les Ordres , par la même raison qui a fait faire la hauteur des Entablemens pareille dans les Ordres differens : parce qu'à mesure que la Colonne s'allonge dans les Ordres delicats, ces parties , quoique les mémes en grosseur, deviennent ou du moins paroissent plus delicates à proportion de la hauteur de la Colonne.

A l'égard de l'Orle je luy donne la vingtiéme partie du bas de la Colonne. Au Pantheon il approche fort de cette grandeur que Vignole , Serlio & Alberti ont suivie ; & dans les autres édifices de l'Antique cet Orle est quelquefois plus haut, comme au Temple d'Antonin & de Faustine, à celuy de Bacchus, à l'Arc de Septimius , aux Thermes de Diocletien ; quelquefois il est plus bas , comme au Temple de Vesta à Rome, à celuy de la Fortune Virile , à l'Arc de Titus. Mais je croy qu'on devroit approuver davantage les Orles plus hauts que ceux qui sont plus bas, tel qu'est celuy du Temple de Vesta à Rome, qui n'a que la soixantiéme partie du bas de la Colonne: car ce membre, qui fait l'assiete de la Colonne , & qui l'affermit sur sa Base, demande à avoir de la force. Or s'il y avoit quelque raison de donner une hauteur differente à cet Orle , ce seroit ce me semble la diversité des Tores sur lesquels il est posé ; y ayant apparence de le faire plus large où les Tores sont plus grands, comme ils sont à la Base Attique & à l'Ionique. Mais cela ne se trouve point avoir esté pratiqué dans les ouvrages des Anciens, où cet Orle est indifferemment , tantost grand , tantost petit sur les Bases Attiques & sur les Corinthiennes, où les Tores d'enhaut, sur lesquels l'Orle est posé , sont de grosseur differente.

Il se trouve quelquefois qu'au lieu d'Orle , il y a un Astragale avec un filet , ainsi qu'il se voit au Temple de la Paix, aux trois Colonnes de Campo Vaccino , à la Basilique d'Antonin & à l'Arc de Constantin ; ce que quelques Modernes comme Palladio , Scamozzi, de Lorme & Viola ont imité : mais je croy qu'on peut dire, que ceux qui n'ont mis qu'un Orle ont plus de raison, tant à cause de la confusion qu'un si grand nombre de Moulures produit, que parce que l'assiete de la Colonne paroist mal affermie par un Astragale , dont la rondeur semble plus propre à laisser pencher la Colonne qu'à la retenir , ainsi que le quarré d'un Orle est capable de faire.

Pour ce qui est de la hauteur de l'Astragale du haut de la Colonne , je la fais de la dix - huitiéme partie du Diametre du bas de la Colonne , qui est la sixiéme partie du petit module ,

ainsi

ainſi qu'elle eſt au Frontiſpice de Neron , à la Baſilique d'Antonin , au Temple de la Sibylle à Tivoli ; me tenant au milieu
des extremitez qui ſe voyent dans l'Antique , comme à l'Arc de
Septimius , au marché de Nerva , au Temple de la Fortune Virile
& à celuy de Bacchus , où cet Aſtragale eſt du tiers & même de
la moitié plus grand ; ou comme au Temple de Veſta à Rome ,
où il n'a gueres que la moitié. Les excez , dans leſquels les Modernes ſe ſont jettez , ne ſont pas moins grands y en ayant comme Serlio , qui ne luy donnent gueres que la moitié de ce qu'il a
dans Palladio & dans Barbaro.

Mais ce qui me determine davantage à cette proportion de
l'Aſtragale du haut des Colonnes , eſt celle qui eſt reglée dans
l'Ordre Ionique , où il doit eſtre égal à la largeur de l'Oeïl de la
Volute , ainſi qu'il ſera expliqué en ſon lieu : car cette proportion eſtant determinée dans cet Ordre , je ne voy point de raiſon
de la changer dans les autres. Par la même raiſon la grandeur
de l'Orle du bas de la Colonne Toſcane , eſtant definie par la
diviſion de la moitié ſuperieure de la Baſe en cinq parties , l'une
de ces parties eſtant la vingtiéme du diametre du bas de la Colonne , on peut prendre cette grandeur pour la regle de celle que
tous les Orles doivent avoir dans les autres Ordres , & la faire
toûjours pareille.

Je fais le filet de la moitié de l'Aſtragale , ſuivant ce qui a eſté
pratiqué au Temple de Bacchus , à celuy de la Sibylle à Tivoli ,
à celuy de la Concorde , à la Baſilique d'Antonin , & à l'Arc de
Septimius : comme auſſi ſuivant ce que Scamozzi , Palladio ,
Cataneo , &c. ont fait ; les exemples qu'il y a du contraire , eſtant
dans des excez oppoſez parmy ces Auteurs , de même que dans
l'Antique : ce qui juſtifie le choix qui a eſté fait de la mediocrité , que je conſidere comme la regle la plus certaine , pour con-
cilier les opinions diverſes & les exemples differens qui ſe rencontrent dans l'Architecture , & que je me ſuis propoſé de ſuivre
dans tout cet ouvrage.

Aprés avoir vû dans cette premiere partie les Proportions en
general des principaux membres d'Architecture , comparant ceux
qui ſont dans les divers Ordres les uns aux autres ; on trouvera
dans la ſeconde Partie le détail des Proportions de chacun de
ces membres par la méme methode , avec toutes les particularitez des differens caracteres qu'ils ont dans les differens ouvrages
de l'Antique , & dans les Auteurs Modernes qui ont écrit des
Ordres d'Architecture.

I

EXPLICATION DE LA PREMIERE
PLANCHE.

Cette Planche contient tout ce qui est expliqué dans la premiere Partie, qui traite des proportions communes à tous les Ordres, tant pour ce qui appartient aux hauteurs, que pour ce qui appartient aux largeurs & aux Saillies ; les hauteurs estant determinées par les Modules entiers, & les Saillies par la division du Module en cinq : supposant, ainsi qu'il a esté dit, que le Module est le tiers du diametre du bas de la Colonne, que j'appelle le petit Module.

On voit dans cette Planche, que tous les Entablemens ont six Modules de hauteur qui font deux diametres du bas de la Colonne. Que la longueur des Colonnes va s'augmentant d'un Ordre à l'autre, par une progression égale de deux Modules, la Toscane ayant vingt-deux Modules, la Dorique vingt-quatre, l'Ionique vingt-six, la Corinthienne vingt huit, & la Composite trente. Que tous les Piedestaux vont aussi croissant, mais seulement d'un Module, le Toscan en ayant six, le Dorique sept, l'Ionique huit, le Corinthien neuf, & le Composite dix. Que chaque Piedestail partagé en quatre parties, en a une pour sa Base entiere, & la moitié d'une pour sa Corniche. Que toute la Base estant divisée en trois parties, on en donne une aux Moulures, & les deux autres au Socle. Et enfin que la Saillie de la Base est pareille à la hauteur des Moulures de la même Base.

Cette Planche fait encore voir, que les autres Saillies sont determinées par les cinquiémes parties du Module, la Saillie que le Fust de la Colonne a par embas au delà de la largeur qu'elle a par enhaut, & que l'on appelle la diminution, estant determinée par une de ces cinquiémes qui est l'espace, depuis A, jusqu'à B ; la Saillie de l'Orle ou filet qui est au bas du Fust de la Colonne, par une autre cinquiéme qui est l'espace depuis B, jusqu'à C ; celle du Tore d'enhaut & du filet d'embas de la Scotie, par une autre cinquiéme qui est l'espace depuis C, jusqu'à D, & la Saillie de toute la Base, par la partie qui est depuis D, jusqu'à E, supposant que chacune de ces parties contient quatre des minutes, dont le diametre du bas de la Colonne a soixante, le Module moyen trente, & le petit Module vingt.

Planche I.

ORDONNANCE

DES CINQ ESPECES

DE COLONNES

Selon la Methode des Anciens.

SECONDE PARTIE.

Des choses appartenantes à chaque Ordre.

CHAPITRE PREMIER.

De l'Ordre Toscan.

LES Ordres d'Architecture inventez par les Grecs, n'estoient qu'au nombre de trois : sçavoir, le Dorique, l'Ionique, & le Corinthien , les Romains y ont adjoûté le Toscan & le Composite que quelques-uns appellent Italique ; mais ces deux Ordres n'ont point, à proprement parler, des caracteres essentiellement differens de ceux des Grecs : car les caracteres du Toscan sont presque les mêmes que ceux du Dorique, & ceux du Composite ressemblent fort à ceux du Corinthien ; ce qui n'est pas dans les trois Ordres des Grecs, où les choses qui les distinguent les uns des autres, sont fort considerables & fort remarquables, ainsi qu'il est expliqué plus particulierement au premier Chapitre de la premiere Partie.

Le Toscan n'est en effet que le Dorique rendu plus fort par l'acourcissement du Fust ou Tige de la Colonne, & plus simple par le petit nombre & la grossiereté des Moulures, dont les Ordres sont ordinairement ornez ; car la Base & la Corniche de son Piedestail ont peu de Moulures, & la pluspart fort grossieres. La hauteur de cette Base & de cette Corniche, qui est aussi grande

CHAP. I. à proportion que dans les autres Ordres, a moins de Moulures : la Base de la Colonne n'a aussi qu'un Tore & point de Scotie ; le Tailloir du Chapiteau n'a point de Talon par enhaut ; l'Entablement est sans Triglyphes & sans Mutules, & la Corniche n'a que peu de Moulures.

Les proportions generales des principales parties de cet Ordre ont esté données & expliquées dans la premiere partie de cet Ouvrage ; où il a esté dit que tout l'Ordre, c'est à dire le Piedestail, la Colonne, & l Entablement, ont trente-quatre petits Modules, dont le Piedestail en a six, la Colonne vingt-deux, & l'Entablement six. Il a esté dit aussi, que les proportions des trois parties du Piedestail sont pareilles dans tous les Ordres, où la Base a toûjours la quatriéme partie de tout le Piedestail, la Corniche la huitiéme, & le Socle de la Base les deux tiers de la même Base. Il reste icy de marquer le détail des proportions de chaque partie, avec ce qui appartient à leur caractere particulier.

BASE DU PIEDESTAIL. Pour ce qui est du Piedestail, il est divisé dans l'Ordre Toscan de même que dans tous les autres, en trois parties, la Base, le Dé, & la Corniche. La Base a deux parties, qui sont le Socle & les Moulures de la Base. Or de méme que les proportions des principales parties des Colonnes entieres ont esté cy-devant établies dans tous les Ordres, ayant un tel rapport les unes aux autres, que les hauteurs vont croissant à mesure que les Ordres sont plus delicats ; les hauteurs des Moulures de la Base & de la Corniche des Piedestaux en font de même : car à mesure que les Ordres sont plus delicats, les Moulures deviennent aussi moins grossieres par l'augmentation de leur nombre qui va toûjours en croissant, la Base Toscane en ayant deux, la Dorique trois, l'Ionique quatre, la Corinthienne cinq, & la Composite six. Tout de méme la Corniche du Piedestail Toscan a trois Moulures, celle du Dorique en a quatre, celle de l'Ionique cinq, celle du Corinthien six, & celle du Composite sept.

Pour determiner les hauteurs & les Saillies de ces Moulures, on partage la hauteur de la Corniche, & celle de la Base en un certain nombre de particules, qui va aussi en croissant à proportion de la delicatesse des Ordres. Car la partie qui est pour les Moulures, se partage en six particules à la Base Toscane, à la Dorique en sept, à l'Ionique en huit, à la Corinthienne en neuf, & à la Composite en dix. La hauteur de la Corniche du Piedestail Toscan est partagée en huit, au Dorique en neuf, à l'Ionique en dix, au Corinthien en onze, au Composite en douze. Tout
cela

cela eſt expliqué par la figure qui ſuit, où le chifre Arabeſque
eſt pour le nombre des particules par leſquelles la Baſe & la
Corniche ſont diviſées : Le chifre Romain eſt pour le nombre
des Moulures, dont chaque Baſe & chaque Corniche ſont compoſées.

Toſcan.   Dorique.   Ionique.   Corinthien.   Compoſite.

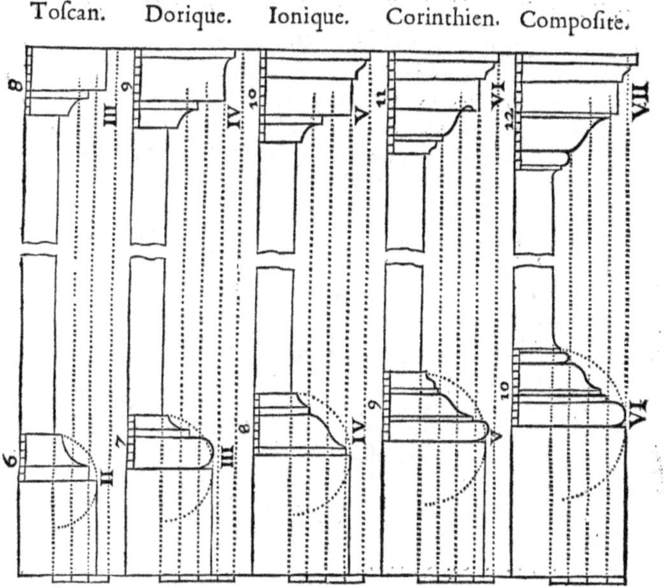

La partie de la Baſe du Piedeſtail Toſcan, qui a des Moulures,
éſtant donc diviſée en ſix particules, on en donne quatre à un cavet
& deux à ſon filet qui eſt deſſous, ce qui fait les deux membres
ou Moulures de cette partie. La Corniche qui eſt diviſée en huit
particules, en donne cinq à une platebande qui luy tient lieu
de larmier, & trois à un cavet accompagné de ſon filet qui a
une de ces particules.

    Les Saillies des membres de la Baſe & de la Corniche de ce
Piedeſtail, de méme que les Saillies de toutes ſortes de membres
dans tous les Ordres, ſe prennent des cinquiémes parties du petit
Module, qui ont déja eſté établies : ſçavoir, une pour la diminution de la Colonne, trois pour la Saillie de la Baſe de la Colonne, &c. A l'égard des Piedeſtaux, il a eſté dit, que la Saillie

CORNICHE
DU PIEDES-
TAIL.

K

C H. I. de toute la Bafe fans le Socle eft égale à fa hauteur , & que la Saillie de la Corniche entiere , eft quelque peu plus grande que celle de la Bafe ; ce qui fe doit entendre de tous les Ordres excepté le Tofcan , où les Saillies de la Bafe & de la Corniche du Piedeftail font égales. Pour ce qui eft de la Saillie des membres dont ces parties du Piedeftail Tofcan font compofées , le cavet de la Corniche a un cinquiéme & demy du petit Module , & le cavet de la Bafe en a deux à prendre du nû du Dé.

Or les Proportions & les caracteres de ce Piedeftail, tiennent un milieu entre les excez qui fe trouvent dans les ouvrages , tant Anciens que Modernes , où le Piedeftail eft quelquefois exceffivement orné comme à la Colonne Trajane, dont la Bafe & la Corniche ont toutes les Moulures du Piedeftail Corinthien ; & où quelquefois il n'eft point du tout orné comme à l'Ordre Tofcan de Palladio , où il n'y a qu'une efpece de Socle quaré fans Bafe & fans Corniche. Le Piedeftail Tofcan de Scamozzi , de même que le noftre tient le milieu entre ces deux excez.

BASE DE LA COLONNE.

La Bafe de la Colonne qui eft haute du demy diametre ; ou d'un petit Module & demy , & qui comprend le filet du bas du Fuft de la Colonne, fe divife en deux feulement, dont une partie eft pour le Plinthe : le refte eftant divifé en cinq parties, on en donne quatre au tore & une au filet ou Orle , qui eft une partie appartenante au Fuft de la Colonne : & cette cinquiéme partie de la moitié de la Bafe , qui eft la vingtiéme du diametre du bas de la Colonne eft ainfi qu'il a efté dit, la mefure de tous les Orles du bas des Colonnes dans tous les Ordres ; parce qu'il n'y en a point où cette partie foit determinée que dans le Tofcan , & qu'il fe trouve que cette proportion a efté fuivie dans quelques-uns des Ouvrages Anciens ; & dans ceux qui s'en éloignent , les uns la faifant beaucoup plus grande , les autres beaucoup plus petite , on trouve une raifon de croire , que la mediocrité doit eftre choifie comme la meilleure. Toutes les autres proportions de cette Bafe font encore moyennes, entre celles que les Anciens & les Modernes ont établies, lefquelles font differentes : car le Plinthe que je fais fuivant Vitruve de la moitié de la hauteur de toute la Bafe , eft dans la Colonne Trajane plus petit d'une minute , & plus grand dans Scamozzi de trois. La tore qui fuivant la hauteur que je luy donne de douze minutes , en a dans la Colonne Trajane , dans Palladio & dans Vignole douze & demy , n'en a que dix dans Serlio. Le filet ou Orle que je fais de trois minutes, eft de trois & demy dans la Colonne Trajane , & de cinq dans Serlio , & il n'eft que de deux

& demy dans Palladio & dans Vignole. La Saillie de la Base CHAP. I.
ainsi qu'il a déja esté dit , est de trois cinquiémes de Module.

Ce qu'il y a de remarquable dans le caractere de cette Base ,
est que Vitruve donne au Plinthe une figure toute particuliere ,
en luy ostant ses quatre coins & le faisant rond. Les Modernes
n'ont point approuvé cette maniere , & je ne croy pas qu'on la
doive pratiquer , parce que les coins de la Base répondant à
ceux du Chapiteau , la Base sembleroit mutilée si elle en estoit
privée , à cause de l'analogie des Bases des autres Ordres , qui
demande qu'il y ait quelque raison de cette suppression des
coins dans celuy où elle est faite : Car s'il y en avoit quelqu'une ,
ce seroit dans les édifices où les Colonnes sont posées en rond ,
ainsi qu'elles sont dans les Temples Peripteres ronds , où les
coins des Plinthes quarez s'accordent mal avec la marche ou le
Piedestail qui les soûtiennent , parce qu'ils sont en rond. Cependant on ne voit point que les Anciens , pour remedier à cet inconvenient ayent arondi les Plinthes ; ils ont mieux aimé les
oster tout à fait , ainsi qu'il se voit aux Temples de Vesta à
Rome , & à celuy de la Sibylle à Tivoli : mais quand ces coins
devroient estre ostez dans quelques édifices , il n'y a point de
raison de les oster dans l'Ordre Toscan plûtost que dans les
autres.

Il y a deux choses à regler dans le Fust de la Colonne Tos- FUST DE LA
COLONNE.
cane ; la premiere est sa Diminution dont il a esté parlé dans la
premiere partie , où il a esté dit qu'elle doit estre plus grande
que dans les autres Ordres , & où j'ay apporté les raisons qui me
l'a font faire de la sixiéme partie du diametre du bas de la Colonne , qui fait la moitié du petit Module , ce qui va à cinq
minutes de chaque costé : au lieu qu'à tous les autres Ordres elle
n'est que de la septiéme partie & demie , qui est de deux cinquiémes du petit Module ; c'est à dire un cinquiéme de chaque
costé , ce qui ne va qu'à quatre minutes. La seconde chose qu'il
y a à regler, regarde l'Orle du bas de la Colonne , & l'Astragale
qu'elle a enhaut ; il a esté dit que ces parties doivent avoir les
mêmes proportions dans tous les Ordres , & que l'on donne à
l'Orle , la vingtiéme partie du bas de la Colonne , & à l'Astragale la dix-huitiéme ; le filet qui est au dessous estant de la moitié : & que les Saillies sont tant à l'Astragale qu'à l'Orle d'une
cinquiéme partie du petit Module , c'est à dire de quatre minutes au delà du nû de la Colonne.

Le Chapiteau est de la même hauteur que la Base ; on le par- CHAPITEAU.
tage en trois : l'une des parties est pour le Tailloir , l'autre pour

CHAP. I. l'Echine ou Ove , & la troisiéme , pour la gorge & l'Astragale qui est sous l'Echine avec son filet. Le caractere de ce Chapiteau consiste en ce que le Tailloir est tout simple & sans talon ; & que sous l'Echine il n'y a point les armilles qui sont au Dorique, mais un Astragale & un filet. Les proportions de ces Moulures se trouvent en partageant cette troisiéme partie du Chapiteau en huit ; car on donne deux de ces huitiémes à l'Astragale, & une au filet de dessous , le reste estant pour la gorge. La Saillie de tout le Chapiteau est égale à celle de l'Orle du bas de la Colonne , qui est de huit cinquiémes & demy , à prendre du milieu de la Colonne. La Saillie de l'Astragale de dessous l'Echine , de même que celle de l'Astragale du haut de la Colonne est de sept cinquiémes.

Vitruve & la pluspart des Modernes qui font la diminution de la Colonne Toscane fort grande , donnent fort peu de largeur à son Chapiteau , en sorte qu'elle ne va qu'à la largeur du diametre du bas de la Colonne.

Les Auteurs ne s'accordent point ensemble, ny avec l'Antique sur le caractere de ce Chapiteau. On trouve dans Palladio , & dans Serlio de même que dans Vitruve , & dans la Colonne Trajane le Tailloir tout simple & sans talon : Vignole & Scamozzi , au lieu de talon y mettent un filet : Philander luy oste ses coins & le fait rond , peut estre pour le rendre semblable à la Base , dont Vitruve veut que le Plinthe soit ainsi arondi. La Colonne Trajane n'a point de gorge , l'Astragale du Fust de la Colonne estant confondu avec celuy du Chapiteau ; & il n'y a que Vitruve & Scamozzi qui mettent un Astragale avec son filet sous l'Echine ; les autres comme Philander , Palladio , Serlio & Vignole , n'y mettent qu'un filet. Pour ce qui est des proportions , ils ne sont point encore d'accord : car les uns comme Philander prennent l'Astragale & le filet du haut de la Colonne sur la troisiéme partie du Chapiteau que Vitruve donne à la gorge & à l'Astragale qui est sous l'Echine : d'autres comme Serlio & Vignole , donnent toute la troisiéme partie à la gorge, & prennent le filet de dessous l'Echine , dans la seconde partie que Vitruve donne toute entiere à l'Echine. D'autres comme Palladio laissent à l'Echine la troisiéme partie toute entiere , & ne mettent qu'un filet au lieu de l'Astragale & du filet que Vitruve y a mis. Dans toutes ces diversitez j'ay choisi la maniere de Vitruve , qui m'a semblé plus agreable & plus conforme à l'Analogie & à la regle commune à tous les Chapiteaux , qui est d'estre un peu plus ornez & moins simples que les Bases : car

sans

fans cet Aftragale , que Vitruve met fous l'Echine, le Chapiteau CHAP. I.
Tofcan ne feroit en rien different de la Bafe.

L'Entablement ayant fix modules , ainfi qu'il a efté dit , on divife tout cet Entablement en vingt parties , ce qui fe fait dans tous les autres Ordres , excepté dans le Dorique , ainfi qu'il a déja efté remarqué. On donne fix de ces parties à l'Architrave, dont le filet en a une. La Frife a auffi fix de ces parties. Des huit qui reftent pour la Corniche , on en donne deux à un grand Talon , qui fait le premier membre , & une demie au filet du Talon, deux & demie au Larmier, une à un Aftragale avec fon filet qui a la moitié de l'Aftragale , & deux à un quart de rond qui tient lieu de grande Simaife. Les Saillies fe prennent des mêmes cinquiémes, qui reglent toutes les autres Saillies ; & ainfi l'on donne au Talon & à fon filet trois cinquiémes , ou parties à prendre du nû de la Frife, fept & demie au Larmier ; neuf à l'Aftragale & à fon filet , & douze au quart de rond.

Les proportions & le caractere de l'Entablement de l'Ordre Tofcan font bien differens dans les Auteurs. A l'égard de la proportion des trois parties qui le compofent, Vitruve fait l'Architrave plus grand non feulement que la Frife , mais même que la Corniche. Palladio fait auffi l'Architrave fort haut & plus grand que la Frife. Vignole le fait plus petit. J'ay imité Serlio en ce qu'il fait l'Architrave égal à la Frife.

Pour ce qui eft du caractere , Vitruve & Palladio ne mettent qu'une poutre toute quarrée pour l'Architrave ; au contraire Scamozzi luy donne des ornemens exceffifs , de même qu'à la Corniche , où il met autant d'ornemens qu'à l'Ordre Dorique : Il met même dans la Frife une efpece de Triglyphe fans graveure. Serlio fuit une maniere toute oppofée , faifant fa Corniche fi pauvre qu'elle n'a que trois membres , pour les dix que Scamozzi a mis dans la fienne. La Corniche que je propofe, qui a beaucoup de rapport à celle de Vignole , tient le milieu entre les excez de la delicateffe ou du nombre des Moulures que Scamozzi luy donne , & celuy de la trop grande fimplicité que Serlio a affectée.

EXPLICATION DE LA SECONDE PLANCHE.

A. **B**Ase Toscane selon les proportions de Vitruve.

B. Base de Scamozzi où le Plinthe & le Tore sont plus hauts qu'à celle de Vitruve, de maniere que le filet ou Orle n'est pas compris dans la Base comme aux autres.

C. Base de Serlio où le filet ou Orle est beaucoup plus grand.

K. Diminution du Fust de la Colonne, qui est de la sixiéme partie du diametre du bas de la Colonne.

D. Chapiteau suivant Vitruve, où le Tailloir n'a ny Talon, ny filet ; où l'Echine contient toute la seconde partie du Chapiteau ; & où il y a un Astragale sous l'Echine.

E. Chapiteau de Scamozzi sans Astragale.

F. Chapiteau de Serlio où le Tailloir a un filet , où l'Echine n'occupe point la seconde partie du Chapiteau , mais y donne place au filet de dessous l'Echine , & où la troisiéme partie est donnée toute entiere à la gorge du Chapiteau.

G. Entablement où l'Architrave est égal à la Frise , & où la Corniche est composée de six Moulures.

H. Entablement de Scamozzi , où l'Architrave qui est plus petit que la Frise , est composé de deux faces & d'un filet sous la bande ; où la Frise a une espece de Triglyphe sans graveure ; & où la Corniche est composée de dix Moulures.

I. Entablement de Serlio , où la Frise est égale à l'Architrave , & où la Corniche n'est composée que de trois Moulures.

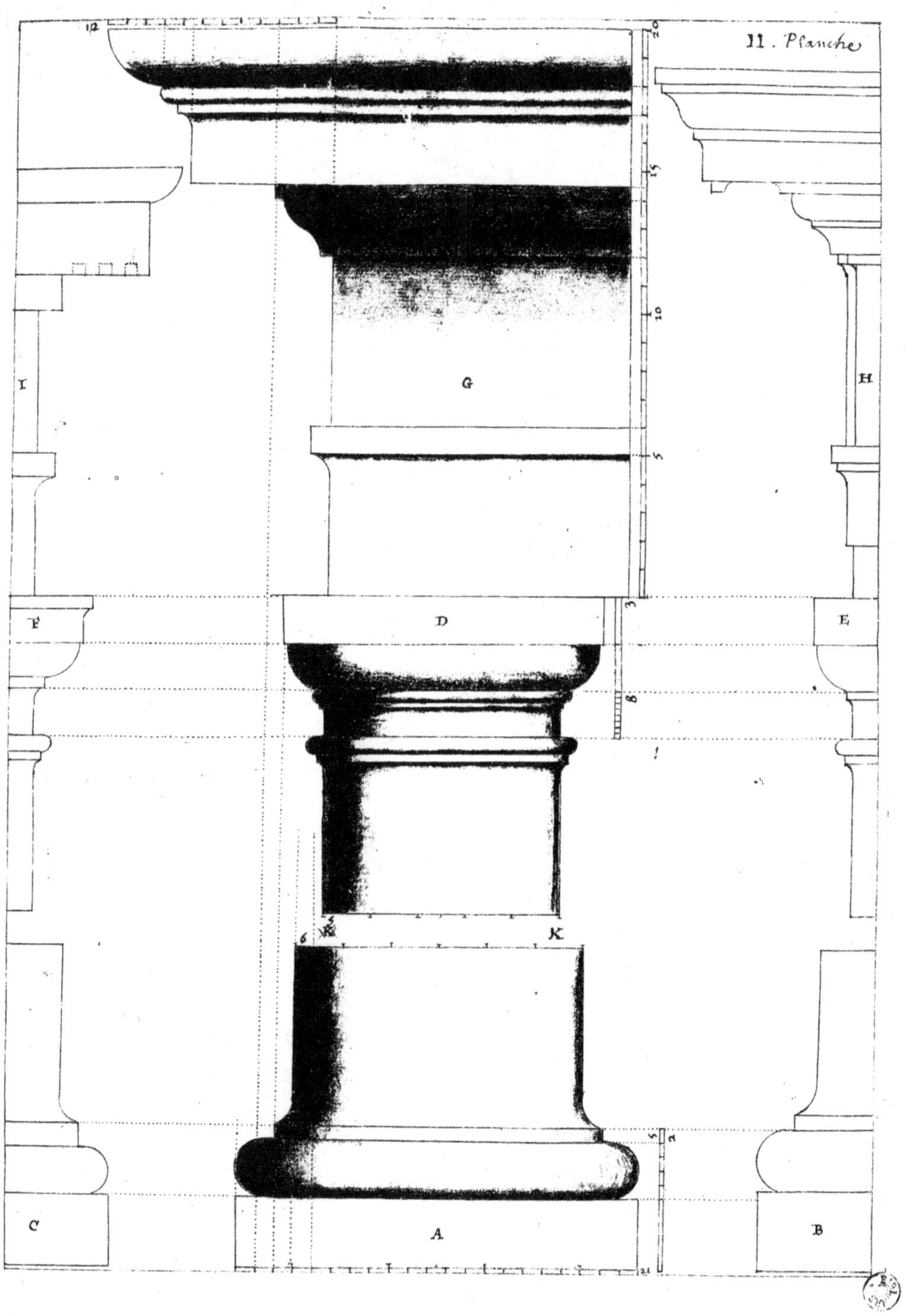

11. Planche
12
20
15
10
5
G
H
I
3
D
B
F
E
6 5
K
C
A
B
5
4
1

CHAPITRE II.

De l'Ordre Dorique.

IL seroit plus naturel en traitant des Ordres, de commencer par le Dorique, estant le plus Ancien & celuy sur lequel le Toscan & les autres ont esté formez. La coûtume neanmoins qui fait qu'on traite du Toscan, avant que de parler du Dorique, a un fondement raisonnable, qui est la suite & la situation dans laquelle on place les differens Ordres quand on les employe ensemble dans les bastimens, qui est de mettre & de construire les plus grossiers les premiers, comme estant capables de porter les autres.

Les proportions de l'Ordre Dorique en general, qui le rendent plus leger & moins massif que le Toscan, ont esté établies dans la premiere partie, où il a esté dit, que tout l'Ordre est de trente-sept petits Modules, dont il y en a sept pour le Piedestail, vingt-quatre pour la Colonne, & six pour l'Entablement ; & cela suivant les progressions d'augmentation que les Ordres ont les uns sur les autres de trois en trois Modules, par l'augmentation du Piedestail qui est d'un Module, & celle de la Colonne qui est de deux : tout l'Ordre Toscan n'estant que de trente-quatre Modules, dont la Colonne a vingt-deux, le Piedestail six, & l'Entablement autant, qui est toûjours égal dans tous les Ordres. Ce qui reste, est de determiner les proportions & les caracteres particuliers de ces trois parties. Les hauteurs des parties principales du Piedestail ont aussi esté determinées, qui est de donner à la Corniche la huitiéme partie de tout le Piedestail, la quatriéme à la Base, & le tiers de la Base à ses Moulures, les deux autres tiers estant pour le Socle.

Pour avoir les proportions des Moulures de la Base du Pie-
destail, on partage le tiers de toute la Base qui leur est affecté, en sept parties, ainsi qu'il a esté dit au Chapitre precedent, dont on donne quatre à un Tore qui est sur le Socle, trois à un Cavet y comprenant son filet en dessous, ce qui fait les trois membres, dont il a esté dit que ces Moulures sont composées. La Saillie du Tore est celle de toute la Base ; la Saillie du Cavet est de deux cinquiémes du petit Module par delà le nû du Dé. Le caractere de cette Base est different dans les Auteurs. Palladio luy donne un quatriéme membre, qui est un filet mis entre le Tore & le filet du Cavet. Scamozzi y met une doucine : Vignole

Cᴴ. II.

& Serlio la font avec plûs de fimplicité ; je l'ay fuivie , parce qu'elle eſt convenable à l'Ordre qui eſt fimple : & comme je n'ay mis que deux membres pour toutes les Moulures de la Baſe du Piedeſtail Toſcan , j'en mets trois au Dorique , & je continuë cette même progreſſion d'augmentation dans les autres Ordres , augmentant le nombre des membres , felon que la delicateſſe eſt plus grande dans les Ordres.

Cᴏʀɴɪᴄʜᴇ ᴅ ᴜ Pɪᴇᴅᴇs- ᴛᴀɪʟ.

La Corniche du Piedeſtail qui eſt partagée en neuf, a un Cavet avec fon filet en deſſus , qui foûtiennent un Larmier couronné feulement d'un filet : Le Larmier a cinq de ces neuf parties , & fon filet une. La Saillie du Cavet avec fon filet eſt d'une cin- quiéme & demie du petit Module par delà le nû du Dé ; celle du Larmier eſt de trois , & celle de fon filet de trois & demy. Le caractere de cette Corniche eſt different dans les Auteurs : Palla- dio & Serlio luy donnent cinq membres , & Scamozzi fix ; il a plus de fimplicité dans Serlio , qui ne met que quatre membres : j'ay imité fa maniere en cela , parce qu'elle eſt conforme à la proportion que cet Ordre doit avoir avec les autres , fuivant les progreſſions d'augmentation qui ont eſté expliquées.

Toſcan.   Dorique.   Ionique.   Corinthien.   Compoſite. ·

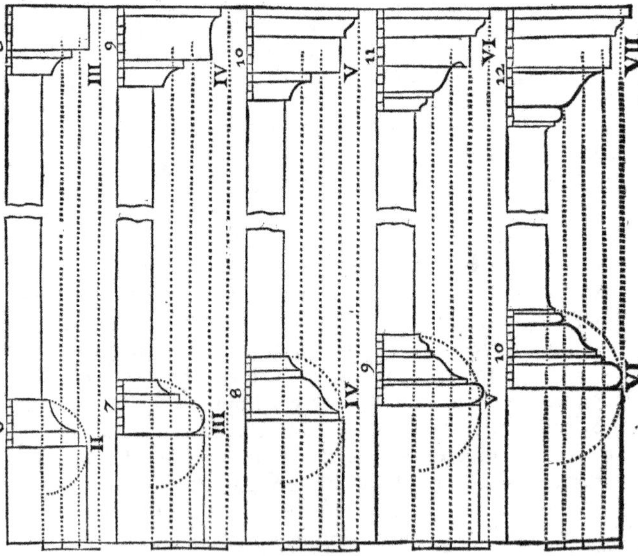

Vitruve ne donne point de Base à la Colonne Dorique , & Ch. II.
Base de la
Colonne. dit que la premiere difference qu'il y a entre l'Ordre Dorique & l'Ionique , est que la Colonne de ce dernier a une Base. Au Theatre de Marcellus cela se trouve avoir esté pratiqué , la Colonne Dorique y estant sans Base ; ce qui est autrement au Colisée où l'Ordre Dorique a une Base , mais elle est differente de celle que la pluspart des Modernes mettent à cet Ordre, qui est la Base que Vitruve appelle Attique , & dont il donne les proportions. Cela fait que l'on trouve de trois sortes de Bases à l'Ordre Dorique ; la premiere est celle que Vitruve appelle Attique qui a un Plinthe , un grand Thore embas , un petit enhaut & une Scotie entre deux. La seconde est la Base de l'Ordre Dorique du Colisée , qui n'a ny petit Tore ny Scotie , mais seulement une maniere de doucine racourcie & peu saillante, entre l'orle du bas de la tige de la Colonne & le grand Tore. La troisiéme est encore plus simple , n'ayant sur le Plinthe qu'un grand Tore & un Astragale ; de maniere qu'en cette Base , de même qu'à la Toscane, l'Orle du bas du Fust de la Colonne fait une partie de la hauteur de la Base , qui dans tous les Ordres doit avoir le demy diametre du bas de la Colonne sans cet Orle.

Comme la Base Attique de Vitruve est plus communement en usage, c'est elle que j'ay choisie , & je donne à ses membres les hauteurs qui se trouvent dans Vitruve, dont la division est fort methodique. Toute la hauteur de la Base estant partagée en trois, on en donne une au Plinthe , les deux qui restent estant partagées en quatre ; celle d'enhaut est pour le petit Tore ; les trois autres se partagent en deux , la partie d'embas est pour le grand Tore , & le reste pour la Scotie , qui estant divisée en six , on donne une de ces parties à chaque filet de la Scotie. On peut determiner les hauteurs de ces parties par une autre methode, qui est de diviser toute la Base en trois , en quatre , & en six , pour donner une troisiéme au Plinthe, une quatriéme au grand Tore, & autant à la Scotie, & une sixiéme au petit Tore : car les grandeurs des parties sont pareilles dans les deux methodes.

Dans les ouvrages de l'Antique de même que dans les Auteurs Modernes , les proportions des parties de cette Base sont differentes. Le Plinthe au Colisée est plus haut que les dix minutes que Vitruve luy a données d'une minute & demie ; dans Serlio, il l'est d'une demy minute ; dans Cataneo d'une minute. Le Tore a aussi des hauteurs differentes, au Colisée il est plus haut que les sept minutes & demie que Vitruve luy donne d'une demy minute, dans Scamozzi d'une minute : le Tore d'enhaut est aussi plus

M

 grand d'une minute dans Scamozzi, & d'une demy minute dans Palladio. Quelques-uns comme Barbaro, & Cataneo, Viola, & de Lorme font le filet d'embas de la Scotie plus gros que celuy d'enhaut, d'autres les font égaux ce me femble avec plus de raifon, cette inegalité n'eftant pas icy neceffaire, comme elle l'eft aux Scoties des Bafes des autres Ordres, où les filets touchent, l'un a un Tore ou a un Plinthe, & l'autre a un Aftragale, qui eftant des membres de groffeur fort inégale, demandent que les filets qui les touchent foient auffi de grandeur differente ; ce qui n'eft pas dans la Bafe Attique, où les deux Tores font peu differens en grandeur.

Pour avoir les Saillies des Moulures de cette Bafe , il fe faut regler fur la partition du Module en cinq parties, dont il a efté dit que les trois reglent la Saillie de toutes les Bafes des Colonnes : car la premiere de ces trois regle la Saillie du filet ou Orle du bas de la Colonne, la feconde regle la Saillie du Tore d'enhaut, & la troifiéme celle du Tore d'embas & du Plinthe. Pour avoir les Saillies de la Scotie on divife une des trois parties, fçavoir celle du milieu en trois, dont on prend une pour le filet d'enhaut, deux pour le filet d'embas, & trois jufqu'à l'enfoncement de la Scotie.

Les Auteurs s'accordent affez fur le caractere de cette Bafe, à la referve du contour que quelques-uns donnent à la cavité de la Scotie, qu'ils creufent & font defcendre plus bas que le rebord du filet d'embas. Cela fe trouve avoir efté pratiqué dans quelques édifices de l'Antique, ainfi qu'il fe voit au Portique & au dedans du Pantheon, aux trois Colonnes de Campo Vaccino, au Frontifpice de Neron, & au Temple de Bacchus : mais il y a beaucoup plus d'édifices approuvez, où cette cavité n'eft point creufée, tels que font le Theatre de Marcellus, le Temple de la Fortune Virile, celuy de Vefta, de la Concorde, de Fauftine, de la Paix, la Bafilique d'Antonin, les Thermes de Diocletien, le Colifée, l'Arc de Titus, de Septimius, de Conftantin, & des Orfévres. Quelques Modernes comme Vignole, Scamozzi, & Viola, ont fait ainfi defcendre cette cavité, mais la plufpart des autres l'ont obmife ; & en effet elle ne femble point avoir de beauté, parce qu'elle paroift affoiblir la carne du filet de deffous qu'elle rend aiguë, & qu'elle amaffe de l'eau & des ordures qui gaftent & corrompent la pierre. Il y a encore une particularité au Plinthe de cette Bafe, que Palladio & Scamozzi ont pratiquée, fans aucun exemple de l'Antique que je fçache, qui eft qu'au lieu de le faire à plomb & quarrément, ils le font defcendre

en maniere de congé jufqu'à l'extremité de la Corniche du Pie- CHAP. II.
deftail ; ce qui eft proprement abolir & détruire cette partie effentielle de la Bafe Attique & de la Corinthienne. Car quoy qu'il
foit vray qu'en quelques édifices , comme au Colifée , les Piedeftaux ayent le haut de leur Corniche taillé ainfi en congé ; ce
congé n'eft point pris fur le Plinthe de la Bafe de la Colonne ,
qui demeure en fon entier, mais fur la Corniche du Piedeftail.

Vignole ne veut point qu'on fe ferve de cette Bafe pour
l'Ordre Dorique, ny pour le Corinthien, dans lefquels il la juge
tout à fait impertinente ; quoique les Anciens l'ayent employée
du moins à l'Ordre Corinthien , ainfi qu'il fe voit au Temple
de Vefta, à celuy de la Paix , à celuy de Fauftine, au Frontifpice
de Neron , à la Bafilique d'Antonin , au Portique de Septimius,
& à l'Arc de Conftantin. La Bafe que cet Auteur donne à l'Ordre
Dorique, eft celle de la troifiéme efpece, où il n'y a qu'un Tore
avec un Aftragale.

Ce que le Fuft de la Colonne Dorique a de particulier, con- FUST DE LA
fifte dans fes cannelures , qui ne doivent eftre qu'au nombre de COLONNE.
vingt , & avoir bien moins d'enfoncement que dans les autres
Ordres , où elles font creufées de tout le demy cercle ; car il ne
leur faut donner que le quart , ou même que la fixiéme partie
du cercle. De plus il n'y a point d'efpace entre les cannelures ,
leur milieu eftant une arefte & un angle , compofé des deux
lignes courbes, qui forment la cavité. Pour tracer ces cannelures,
la circonference de la Colonne eftant divifée en vingt parties ,
on trace un quarré , dont le cofté eft égal à l'une de ces vingt
parties : du centre de ce quarré on trace une ligne courbe, qui
forme un quart de cercle d'un des coins du quarré à l'autre.
Pour faire que ces cannelures foient encore moins profondes, au
lieu d'un quarré on fait un triangle équilateral, du centre duquel
on trace la ligne courbe. La premiere maniere qui eft de Vitruve
eft la plus en ufage. Scamozzi ne veut ny de l'une ny de l'autre
de ces cannelures, ne leur trouvant aucune grace : elles font pourtant fort en ufage, & Vitruve dit qu'elles font particulieres à
l'Ordre Dorique : il dit auffi qu'au lieu de cannelures on fe con-
tente quelquefois des vingt pans qu'on laiffe tout unis & fans
eftre creufez. On ne trouve que tres-peu d'exemples de ces Colonnes à pans, qui ne fçauroient avoir de grace , eftant impofible
que des angles auffi obtus, que font ceux qui font faits par les
lignes de deux faces dont chacune n'a que le vingtiéme de la
circonference d'un cercle, ne caufent une confufion defagreable
à caufe de la difficulté qu'il y a, de rendre la feparation des deux

CHAP.II. faces affez vifible & affez diftincte. Et c'eft par cette raifon que je croy que l'on doit preferer les Cannelures de Vitruve , dont la cavité eft décrite par le centre d'un quarré , que celle où elle eft décrite par le fommet du triangle : parce que celle de Vitruve eftant plus creufe , elle rend l'angle des cannelures plus aigu , & par confequent les cannelures mieux marquées & mieux diftinguées.

CHAPITEAU. Les hauteurs des membres du Chapiteau fe prennent en partageant en trois comme au Tofcan , toute fa hauteur qui eft le demy diametre du bas de la Colonne , & on en donne une au Tailloir, une à l'Echine avec les trois filets ou armilles, qui font au deffous , & à la place de l'Aftragale qui eft au Chapiteau Tofcan , & on laiffe la troifiéme partie toute entiere à la gorge, au lieu qu'au Tofcan l'Echine occupe une des trois parties toute entiere , & l'on prend fur la partie qui eft pour la gorge l'aftragale & le filet qui eft fous l'Echine. J'ay imité Vitruve , que la plufpart des Modernes ont fuivy. Palladio, Scamozzi, & Alberti donnent d'autres proportions : Alberti fait tout le Chapiteau prés de la moitié plus haut que Vitruve ne le fait , & donne auffi aux membres principaux des proportions differentes des fiennes. Palladio & Scamozzi , qui ne changent point la hauteur de tout le Chapiteau , augmentent celle du Tailloir , & diminuent celle de la gorge. Les uns & les autres ont imité l'antique ; car au Colifée tout le Chapiteau a de hauteur huit minutes trois quarts , plus que celuy de Vitruve ; au Theatre de Marcellus , il en a feulement trois : mais dans ce dernier édifice , les proportions des membres à l'égard les uns des autres , font plus éloignées de celles de Vitruve , qu'elles ne font au Colifée , le Tailloir eftant beaucoup plus grand à proportion , & l'Echine beaucoup plus petite.

Les hauteurs des petites Moulures fe trouvent auffi par des divifions & des fubdivifions en trois : car tout le Tailloir eftant divifé en trois , on donne la partie d'enhaut au Talon , & cette partie eftant divifée encore en trois , on en donne une au filet , & les deux autres au Talon. Tout de même la partie qui eft entre le Tailloir & la gorge eftant divifée en trois , on en donne deux à l'Echine ; & la troifiéme eftant encore divifée en trois, il y en a une pour chacun des annelets.

Les Saillies font reglées comme au Tofcan par les cinq parties du Module ; la Saillie de tout le Chapiteau en ayant trois , à prendre depuis le nû du haut de la Colonne. La premiere partie de ces trois eftant divifée en quatre , on en donne une à

chacun

chacun des annelets : la feconde termine l'Echine ; & la troifiéme étant auffi divifée en quatre , la premiere eft pour la Saillie
que la plattebande du Tailloir a fur l'Echine , & les trois autres
reglent les parties du Talon.

Il y a des exemples des excez contraires de la Saillie de ce
Chapiteau dans celuy du Colifée, & dans celuy d'Alberti : car
au Colifée la Saillie eft de cinq des parties , dont le noftre a
feulement trois , & le Chapiteau d'Alberti n'en a que deux.

Le caractere de ce Chapiteau eft different dans les Auteurs, en
ce qu'au Colifée au lieu des armilles ou anneaux, il y a un Talon,
ce que Scamozzi a pratiqué ; & que quelques-uns comme Palladio , Scamozzi, Vignole , Alberti & Viola , ont mis des rofes
fous les coins du Tailloir & dans la gorge. On peut dire que la
Saillie de tout le Chapiteau qu'Alberti & Cataneo , ont fait extraordinairement petite , & qui eft exceffivement grande au Colifée , doit appartenir au caractere ; cet étreciffement & cet élargiffement eftant une chofe capable de choquer infailliblement,
pour peu qu'on foit accoûtumé à voir des Chapiteaux faits avec
la proportion ordinaire, qui eft de trente-fept minutes & demie
dans Vitruve à prendre depuis le milieu : car elle va jufqu'à quarante fept & un quart au Colifée ; & elle n'eft que de trente deux
& demy dans Alberti , & dans Cataneo. Bullant la fait de quarante, Palladio de trente-neuf, Vignole & Viola de trente-huit,
ceux qui ont fuivi Vitruve , comme nous , font le Theatre de
Marcellus, Barbaro & Serlio.

L'Entablement fe partage en l'Ordre Dorique autrement
qu'aux autres Ordres , où il n'eft divifé qu'en vingt ; car il eft
divifé en vingt-quatre , dont on donne fix à l'Architrave , neuf
à la Frife & autant à la Corniche , dans laquelle on comprend
le membre qui eft immediatement fur le Triglyphe , & que
Vitruve appelle fon Chapiteau. A l'égard des proportions de
l'Architrave & de la Frife, qui font celles que Vitruve a données,
& qui ont rapport avec le diametre du bas de la Colonne, dont
l'Architrave a la moitié qui fait le Module Dorique, & la Frife
un Module & demy, tous les Architectes Modernes les ont fuivies, quoy qu'elles ne fe trouvent pas avoir efté obfervées dans
l'Antique. Car au Colifée l'Architrave a quinze minutes de trop;
aux ruines d'Albane & des Thermes de Diocletien , rapportées
par Monfieur de Chambray, les Architraves font auffi plus grands
que dans Vitruve, mais d'une & de deux minutes feulement. A
l'égard de la Corniche, elle n'eft point fi haute dans Vitruve, ny
dans le Theatre de Marcellus , où elle a fept minutes & demie

N

moins que nous ne luy en donnons ; mais elle l'eſt beaucoup plus au Coliſée où elle en a dix d'avantage.

L'Architrave eſtant diviſé en ſept parties, on en donne une au liſteau ou plattebande qui eſt au haut : ſous cette plattebande, on met les gouttes qui ſont comme pendantes d'une petite regle : les gouttes & la regle ont enſemble une ſixiéme partie de la hauteur de l'Architrave : cette ſixiéme partie eſtant partagée en trois, on en donne une à la petite regle, les deux autres aux gouttes. L'eſpace que la petite regle & les gouttes occupent en largeur eſt d'un Module & demy : cette largeur eſt partagée en dix - huit parties, on en donne trois à chacune des gouttes, qui ſont au nombre de ſix, de maniere que le haut de la goutte a une des parties & le bas un peu moins que les trois, parce qu'il doit y avoir un petit intervalle entre le bas des gouttes.

Le caractere de l'Architrave Dorique eſt bien different dans l'Antique & dans les Auteurs : celuy qui a eſté décrit eſt de Vitruve, & du Theatre de Marcellus, qui a eſté imité par Vignole, Serlio, Barbaro, Cataneo, Bullant, de Lorme, & la pluſpart des Modernes. Il eſt autrement au Coliſée, où il eſt orné de tous les membres qui ſont dans l'Ionique, & dans le Corinthien de cet édifice, ayant trois faces & un Talon au haut, mais il n'a point de gouttes. Aux ruines d'Albane & des Thermes de Diocletien, il n'a que deux faces, mais elles ſont ſeparées par des Moulures comme à l'Ordre Corinthien, & ſous le Talon d'enhaut il y a des gouttes. Palladio, Scamozzi, Alberti, Viola, & pluſieurs autres Modernes ont imité cette maniere, en ce qu'ils mettent deux faces à l'Architrave, mais ils ne les ſeparent point par des Moulures, & les gouttes ſont ſous une plattebande comme dans Vitruve. Il y a encore quelque diverſité dans la figure des gouttes, que quelques-uns font ronde en maniere de cone tronqué ; mais la maniere la plus ordinaire, eſt de les faire quarrées ou pyramidales ; les rondes eſtant reſervées pour les platfonds des Mutules.

La Friſe a neuf parties des vingt-quatre de tout l'Entablement, qui font un Module & demy de ceux que j'appelle Doriques, ou moyens & deux Modules & un quart de nos petits : elle eſt ordinairement ornée par des Triglyphes, qui ont un Module Dorique de large, & ſont poſez au droit des gouttes, leſquelles ſont ſur les Colonnes, & aux entredeux des Colonnes, par des eſpaces égaux à la hauteur des Triglyphes & de la Friſe ; ce qui fait que les eſpaces ſont quarrez, & on les appelle Metopes, que l'on orne par des bas reliefs de trophées, de baſſins, de teſtes de

bœuf feches & d'autres chofes. Les Triglyphes font creufez de Сн. I I.
haut embas par deux canaux ou gravures par le milieu , & deux
demy canaux par les angles : ces gravures font enfoncées de maniere qu'elles font un angle droit. Pour les faire on divife en
douze parties toute la face du Triglyphe : on donne deux de ces
parties à chaque gravure, une à chaque demy gravure , & deux à
chacun des entredeux, que Vitruve appelle les cuiffes. La Saillie
du Triglyphe fur le nû de la Frife , doit eftre d'une de ces parties
& d'une demie. Vignole qui ne la fait que d'une partie , la fait
évidemment trop petite, parce que les gravures ayant deux parties de large , leur profondeur doit eftre d'une partie, puis qu'elles font un angle droit ; or l'enfoncement & la profondeur de
la gravure felon Vignole, eftant égale à la Saillie du Triglyphe,
la demy gravure dont l'enfoncement eft égal à celuy de la gravure entiere defcendra jufques fur la Frife ; ce qui ne fe doit pas
faire eftant neceffaire qu'au delà de la demy gravure le Triglyphe
ait encore quelque épaiffeur. Cette épaiffeur dans Palladio n'eft
que d'une demy minute ; au Theatre de Marcellus elle eft d'une
minute & de deux neuviémes , qui eft un peu plus que ce que je
luy donne , qui eft une grandeur moyenne entre celles de Palladio & celle du Theatre de Marcellus. Ce qui va environ aux trois
quarts d'une minute.

On attribuë ordinairement à la Frife de l'Ordre Dorique , la
partie qu'on appelle le Chapiteau du Triglyphe : mais comme
c'eft une Moulure, & que les Frifes n'ont point accoûtumé d'en
avoir , je croy qu'elle doit eftre jointe avec les autres Moulures
de la Corniche : car les Saillies que cette Moulure fait fur les
Triglyphes qui font de la Frife , ne doivent point faire qu'elle
appartienne à la Frife , non plus que les Moulures qui couron-
nent les confoles qui font dans une Frife , où les Moulures accompagnent leurs Saillies , ne font point reputées de la Frife ,
mais appartiennent à la Corniche, ces Moulures faifant ordinairement toute la partie qui eft fous le Larmier , laquelle eft une
partie effentielle de la Corniche.

L'efpace qui a efté laiffé pour la Corniche , qui eft égal à ce- Corniche.
luy de la Frife eftant de neuf parties , la premiere eft pour le
Chapiteau du Triglyphe ; les trois parties d'audeffus , font pour
le Larmier & le Talon , qui couronne le mutule : les trois dernieres font pour la grande Simaife & pour le Talon qui couronne le Larmier. Pour avoir un plus grand détail de ces Moulures, on partage la feconde & la troifiéme partie , chacune en
quatre, ce qui fait huit particules ; on donne les cinq d'embas

 au cavet, & la fixiéme à fon filet : la quatriéme partie avec les deux particules qui reftent de la troifiéme partie , font pour le corps du Mutule. La cinquiéme partie eftant auffi divifée en quatre particules , on donne les deux d'embas au Talon fans filet qui couronne le Mutule. La fixiéme partie avec les deux particules qui reftent de la cinquiéme partie font pour le Larmier. La feptiéme partie eftant encore divifée en quatre particules , on donne les trois d'embas au Talon , qui eft fur le Larmier & à fon filet ; & enfin la neuviéme partie eftant partagée en deux, on en donne une au filet de la grande Simaife , laquelle occupe le refte jufqu'au Talon qui couronne le Larmier. Cette partition de la Corniche Dorique , qui paroift embroüillée & obfcure dans le difcours , eft tres-nette & aifée à retenir dans la figure : car toutes les hauteurs des Moulures font reglées feulement par deux divifions : fçavoir par celle de toute la Corniche en neuf parties , & chaque partie en quatre.

Sous le Mutule on taille trente fix gouttes en fix rangs de fix chacun. Il a efté dit, que ces gouttes du platfond de la Corniche, doivent eftre rondes & formées comme des petits cones dont les pointes ou fommets, font enfoncez dans le platfonds du Larmier : le Mutule eft rebordé feulement par le devant d'une mouchette pareille à celle que l'on fait au Larmier de la Corniche Ionique.

Le caractere de cette Corniche eft de trois manieres ; il y en a un fort fimple , tel qu'eft celuy de Palladio , de Serlio , de Barbaro , de Cataneo , de Bullant , & de de Lorme ; où il n'y a ny mutules ny denticules. Il y en a un autre plus compofé ayant des denticules , tel qu'eft celuy du Theatre de Marcellus, celuy de Scamozzi & celuy de Vignole. Le troifiéme eft auffi plus compofé que le premier , ayant des mutules , mais il n'a point de denticules : je choifis ce dernier à caufe des Mutules, qui font des parties effentielles à l'Ordre Dorique felon Vitruve , & parce que les denticules font particulierement affectez à l'Ordre Ionique , je fais la grande Simaife en doucine & non en cavet, comme on tient qu'elle eftoit au Theatre de Marcellus , & comme Vignole & Viola l'ont faite ; parce que cette Simaife en cavet n'eft pas fi forte & fi difficile à rompre que l'autre , n'eftant pas raifonable qu'un Ordre dont la nature eft d'eftre maffif, ait des membres moins forts que les Ordres delicats : & en cela j'ay imité Palladio , Scamozzi , Serlio , Barbaro , Cataneo , Alberti , Bullant , & de Lorme : fi l'on veut y faire le cavet, parce qu'il eft felon l'opinion de quelques - uns , la moulure que Vitruve

appelle

appelle Simaise Dorique, on le peut faire, gardant les mêmes Ch. III.
proportions qui ont esté données pour la grande Simaise, ne donnant au filet du Cavet que la moitié d'une des neuviémes parties,
& ce qui reste jusqu'au dessus du talon du Larmier, à la courbure
du cavet. Sur le Chapiteau du Triglyphe où Vitruve veut qu'on
mette une Simaise Dorique, j'ay mis un Cavet ou demy scotie,
ainsi que Palladio, Viola, & Bullant ont fait : Et par la raison
qui vient d'estre dite, sçavoir que le Cavet est la Simaise Dorique ; je trouve qu'on y met de deux autres sortes de Moulures, au
Theatre de Marcellus c'est un Talon, Vignole y a mis un quart
de rond ; ce qui me determine à y mettre le cavet est l'autorité
de Barbaro qui dit que la Simaise Dorique est le Cavet.

EXPLICATION DE LA TROISIE'ME
PLANCHE.

A. **B**Ase que *Vitruve* appelle *Attique*, dont on se sert pour l'Ordre *Dorique*.
B. *Base de l'Ordre Dorique du Colisée.*
C. *Base de l'Ordre Dorique de Vignole.*
D. *Cannelures creuses selon Vitruve.*
Δ. *Cannelures plates selon Vitruve.*
E. *Cannelures selon Vignole.*
F. *Chapiteau selon Vitruve.*
G. *Chapiteau de l'Ordre Dorique du Colisée.*
H. *Chapiteau selon Alberti.*
I. *Entablement pris en partie du Theatre de Marcellus.*
K. *Soffite de l'Entablement.*
L. *Architrave de l'Ordre Dorique du Colisée.*
M. *Figure pour expliquer la maniere de tracer la Doucine & le Talon.*

Pour tracer la Doucine, il faut tirer une ligne droite depuis le coin d'embas de son filet, marqué a, jusqu'au coin d'enhaut du filet qui est au haut du talon sur lequel elle est marqué b ; partager cette ligne en deux au point c ; & sur chaque moitié faire un triangle équilateral, les sommets de ces triangles marquez d, & e, sont les centres de deux portions de cercle qui forment chacun la moitié du contour de la Doucine. Pour rendre le contour plus courbé, ce qui arrive lorsqu'on veut que la Moulure ait moins de saillie, on allonge les lignes des costez du triangle à l'intersection desquelles est le centre de la portion de cercle.

Le contour du Talon se décrit à peu prez par la même methode ; on divise la saillie que l'on a donnée au Talon avec son filet en cinq ou six parties, on prend une de ces parties pour la saillie que le Talon a au delà du membre, sur lequel il est posé quand ce n'est pas un Astragale, car le bas d'un Talon n'a point de saillie sur un Astragale ; l'autre partie est pour la saillie que le filet a par delà le Talon : de ces deux points sçavoir o, & i, on tire une ligne droite que l'on partage en deux comme à la Doucine, & l'on procede de même par les deux triangles, & par les portions de cercles décrites des centres qui sont aux sommets des triangles, pour tracer le contour. La courbure de ce contour est quelquefois si grande, ainsi qu'il se voit au Talon du haut de l'Architrave de l'Arc de Constantin, que chaque courbure a presque le demy cercle entier.

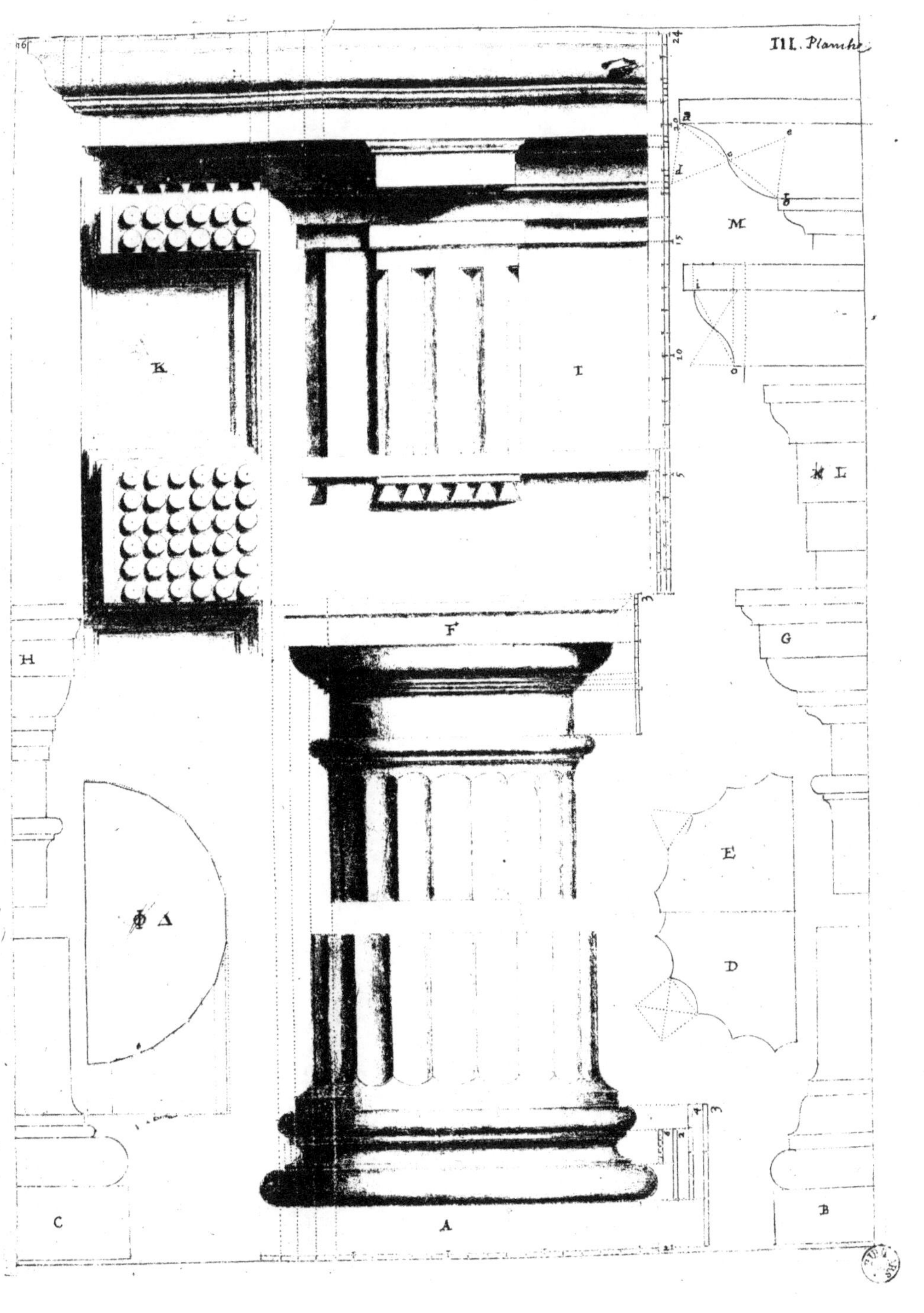

III. Planche.
24
15
10
5
M
L
G
E
D
B
A
C
H
K
I
F
Φ Δ

CHAPITRE III.

De l'Ordre Ionique.

LEs proportions de l'Ordre Ionique ont le même rapport avec celles du Dorique & des autres Ordres plus delicats que celles du Toscan ont avec celles du Dorique, à la reserve de la diminution de la Colonne, qui est beaucoup plus grande dans le Toscan que dans les autres, où elle est toûjours pareille. Le caractere de l'Ordre Ionique est bien plus particulier, la Base de la Colonne, le Chapiteau, & la Corniche de l'Entablement estant d'une maniere qui le rendent plus different des autres Ordres que le Dorique ne l'est du Toscan.

Tout l'Ordre, ainsi qu'il a déja esté dit, est de quarante petits Modules, dont le Piedestail en a huit, la Colonne vingt-six, & l'Entablement six. Ces parties du Piedestail sont reglées à l'ordinaire ainsi qu'il se voit dans la premiere planche ; la Base ayant le quart de toute la hauteur du Piedestail, la Corniche le demy quart, & les Moulures de la Base estant le tiers de toute la Base.

Les Moulures de la Base du Piedestail, qui sont au nombre de deux à l'Ordre Toscan, & de trois au Dorique, sont icy au nombre de quatre : sçavoir, une doucine avec son filet, & un cavet avec son filet en dessous. Pour avoir les hauteurs de ces moulures, le tiers de la Base qui au Toscan est divisé en six, & au Dorique en sept, est icy divisé en huit : on donne quatre de ces parties à la doucine & une à son filet, deux au cavet & une à son filet. La Saillie du cavet est d'une cinquiéme du petit module à prendre du nû du Dé, celle du filet de la doucine est de trois. BASE DU PIEDESTAIL.

Le caractere de cette Base est pris de l'Ordre Ionique du Temple de la Fortune Virile, & il n'en est different qu'en ce qu'il y a un filet entre le haut de la doucine & le filet du cavet, & que le filet de la doucine est extraordinairement gros. Palladio & Scamozzi, au lieu du petit filet qui est entre la doucine & le cavet, mettent un Astragale.

Les membres de la Corniche qui sont au nombre de trois au Toscan, & de quatre au Dorique, sont icy au nombre de cinq : sçavoir, un Cavet avec son filet en dessus, un Larmier couronné d'un talon avec son filet. Pour avoir les hauteurs de ces membres, on partage celle de toute la Corniche en dix, de même qu'on la partage en neuf au Dorique, & en huit au Toscan : on CORNICHE DU PIEDISTAIL.

Cʜ. III. donne deux de ces parties au Cavet & une à son filet, quatre au Larmier, deux au talon, & une à son filet. La saillie du Cavet est d'une cinquiéme & demie du petit module, à prendre du nû du Dé, celle du Larmier est de trois, & celle du Talon avec son filet est de quatre.

Le caractere de cette Corniche n'a aucun rapport avec celuy de l'Antique & des Modernes : au Temple de la Fortune Virile, cette Corniche est composée de dix membres, avec une confusion étrange : on peut dire que les Corniches de Palladio & de Scamozzi, sont aussi trop composées pour l'Ordre ; celles qu'ils ont faites à l'Ordre Corinthien & au Composite, n'ayant pas plus de membres que celle-cy.

Toscan.   Dorique.   Ionique.   Corinthien. Composite.

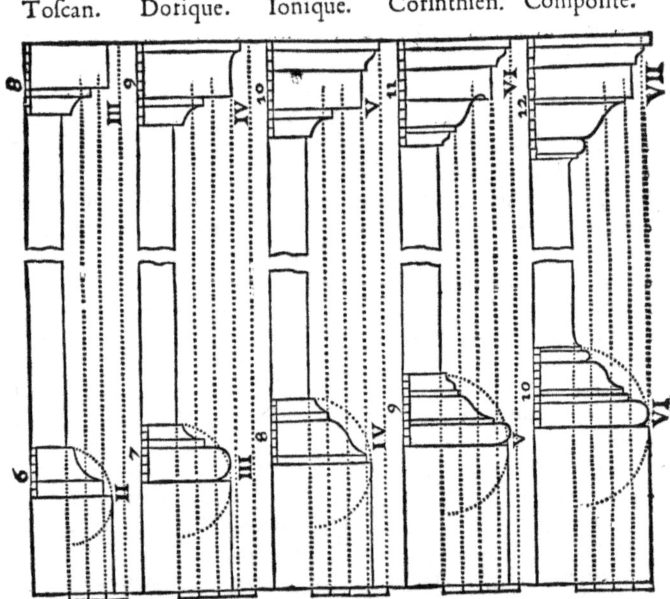

Vitruve décrit une Base pour la Colonne Ionique, & pour la Corinthienne, que la pluspart des Modernes n'employent qu'au seul Ionique, & qui ne se trouve dans aucun des ouvrages Ioniques qui nous restent des Anciens, qui y ont toûjours mis la Base attique : quelques-uns des Modernes comme Alberti & Viola,

Viola, y ont mis la Corinthienne , & n'ont suivi Vitruve qu'en CH. III.
ce que comme luy ils donnent une même Base à l'Ionique & au
Corinthien.

Les proportions de cette Base selon Vitruve , se prennent en
divisant toute la hauteur de la Base en trois, dont on en donne
une au Plinthe ainsi qu'à la Base Attique ; le reste estant partagé
en sept parties , on en donne trois à un Tore , qui est au haut
de la Base , le reste est encore partagé en deux , & l'on divise
chacune de ces deux parties en dix autres , dont on donne deux
à un filet qui est sous le Tore , cinq à une Scotie, une à l'autre
filet de la Scotie , deux à un Astragale , qui est accompagné d'un
autre Astragale pareil , & d'une autre Scotie aussi pareille à la
premiere avec les mêmes filets ; le grand filet estant sur le
Plinthe.

Vitruve n'a point donné les saillies de cette Base ; je les prens
à l'ordinaire par le moyen de la division du petit Module en
cinq : je donne deux cinquiémes & demie à la saillie du Tore ,
deux à celle des Astragales , une & demie au filet de dessous le
Tore , une & trois quarts aux filets qui accompagnent les Astragales , & deux & trois quarts au filet qui est sur le Plinthe.

Le caractere de cette Base a quelque chose de si bizarre , à
cause de la grosseur du Tore qui est enhaut , & de la foiblesse
du filet qui est sur le Plinthe , qu'il ne faut pas s'étonner si les
Anciens l'ont rejettée : aussi ne la mets-je icy , que pour distinguer
les Ordres par tout ce que chacun d'eux peut avoir de particulier. De Lorme propose une autre Base Ionique , qu'il dit avoir
trouvée dans des édifices Antiques : elle est differente de celle
de Vitruve , pour ce qui est du caractere en ce qu'il met deux
Astragales de grosseur differente entre le plinthe & le filet de la
premiere Scotie.

Ce qui rend le Fust de la Colonne Ionique different de celuy Fust de la
de la Dorique , est la maniere de ses cannelures qui luy est Colonne.
commune avec la Colonne Corinthienne & avec la Composite.
Ces cannelures sont differentes des Doriques , par leur nombre
qui est de vingt-quatre , & quelquefois de trente-deux , selon
Vitruve & les Modernes , au lieu que la Dorique n'en a que
vingt ; quoy qu'au Temple de la Fortune Virile qui est le seul
des Ioniques Antiques de Rome cannelé , il n'y ait que vingt
cannelures. Mais leur caractere a quelque chose encore de plus
particulier , n'estant pas legerement creusées comme à l'Ordre
Dorique , mais ayant l'enfoncement ordinairement de tout le
demy cercle ; car il y a peu de Colonnes comme celles du de-

P

Cᴴ. III. dans du Pantheon, où les cannelures foient moins creufes que le demy cercle , ou qui le foient d'avantage comme celles du Temple de Jupiter Tonnant. En quelques édifices le tiers d'embas des cannelures eſt à demy rempli , comme par un baſton ou groſſe corde , ce qui fait appeller rudentées les Colonnes qui ont ces fortes de cannelures. Quelquefois au lieu de cordes ou baſtons , le bas des cannelures eſt feulement rempli juſqu'à prés du bord de la coſte , ainſi qu'il fe voit aux Colonnes du dedans du Pantheon : mais comme ces manieres de remplir les cannelures fe trouvent dans tres peu d'ouvrages ; on peut dire , qu'elles doivent rarement eſtre miſes en uſage , & que la raiſon veut qu'elles ne foient employées que lorſque les Colonnes font fur le rez de chauſſée , & non quand elles font élevées fur des Piedeſtaux ou à des feconds Ordres ; quoiqu'à l'Arc de Conſtantin les Colonnes qui font fur des Piedeſtaux foient rudentées ; par ce que ce rempliſſage n'eſt fait que pour empeſcher que les cannelures n'affoibliſſent trop les coſtes qui forment les canaux , & qu'elles ne foient rompuës , lors qu'eſtant embas elles font expoſées au danger d'eſtre heurtées : car pour ce qui eſt de l'exemple de l'Arc de Conſtantin , il ne peut pas avoir beaucoup d'autorité pour cela , l'opinion commune eſtant que cet Arc a eſté conſtruit des ruines d'un autre édifice ; où apparamment les Colonnes eſtoient fur le rez de chauſſée. La proportion du creux de la cannelure avec fon entredeux , qui fait ce que l'on appelle la coſte, n'eſt point bien determinée, mais la proportion moyenne eſt de donner à l'entredeux le tiers de la largeur de la cannelure : c'eſt à dire qu'il faut diviſer chaque vingt-quatriéme partie de la circonference de la Colonne en quatre , dont il y en a trois pour la cannelure & une pour la coſte.

Ces cannelures ont des caraĉteres differens en la maniere de les terminer vers les congez du haut & du bas de la Colonne. La plus ordinaire eſt de les faire rondes comme le haut d'une niche : quelquefois ces extremitez font coupées toutes droites , ainſi qu'il s'en voit au Temple de Veſta à Tivoli ; quelquefois elles font taillées tout au contraire des premieres , le nû de la Colonne rentrant en demy cercle dans la cannelure , ainſi qu'elles eſtoient aux tuteles à Bordeaux.

Cʜᴀᴘɪᴛᴇᴀᴜ; Le Chapiteau Ionique eſt compoſé de trois parties : ſçavoir, d'un tailloir qui n'a qu'un talon avec fon filet , d'une écorce qui produit les Volutes, & d'une Echine ou ove ; car l'Aſtragale qui eſt fous l'ove appartient au Fuſt de la Colonne. La partie du milieu eſt appellée écorce par quelques-uns, à cauſe qu'elle est comme une grosse écorce d'arbre, qui ayant esté mise sur le haut d'un vase, d'ont l'ove represente le bord, paroist s'estre recoquillée en dessous en se sechant. Vitruve dit, que ce contournement que les volutes font aux deux costez de ce Chapiteau represente les cheveux qui se tournent par boucles aux deux costez du visage des femmes.

Pour avoir la hauteur de ce Chapiteau qui doit estre prise, depuis le haut du Tailloir jusqu'à l'Astragale, il faut diviser le petit Module en douze parties ; & en donner onze à tout le Chapiteau, le Tailloir en ayant trois : sçavoir, deux pour son talon, & une pour son filet, l'écorce en ayant quatre, dont on en donne une à son rebord ; & l'ove en ayant aussi quatre. Depuis le haut du Tailloir jusqu'au bas de la Volute, il y a dix-neuf de ces douziémes du petit Module.

Pour tracer le contour de la Volute, il faut commencer par l'Astragale du haut de la Colonne, qui doit avoir deux douziémes d'epaisseur & s'étendre à droit & à gauche, autant que le diametre du bas de la Colonne. Cet Astragale estant marqué sur la face où l'on veut tracer la Volute, il faut tirer une ligne à niveau par le milieu de l'Astragale, & la faire passer par delà le bout de l'Astragale : puis faire descendre à plomb du haut du Tailloir sur cette ligne, une autre ligne qui passe par le centre du cercle, dont la moitié décrit l'extremité de l'Astragale. Ce cercle qui a deux douziémes de diametre, est appellé l'œil de la Volute par Vitruve ; & c'est dans ce cercle que doivent estre placez les douze points, qui servent de centre aux quatre quartiers de chacune des trois revolutions, dont la Volute est composée. Pour avoir ces douze points, on trace dans l'œil un quarré dont les diagonales sont l'une dans la ligne horizontale, & l'autre dans la ligne à plomb, & s'entrecoupent au centre de l'œil. Du milieu des costez de ce quarré on tire deux lignes, qui separent le quarré en quatre, & chaque ligne estant partagée en six parties égales, elles donnent les douze points, dont il s'agit. Pour tracer la Volute on met le pié immobile du compas, sur le premier point qui est dans le milieu du costé interieur & superieur du quarré, & l'autre pié du compas à l'endroit où la ligne à plomb coupe la ligne du bas du Tailloir, & l'on trace un quart de cercle en dehors & en embas, jusqu'à la ligne du niveau. De cet endroit ayant placé le pié immobile au second point, qui est dans le milieu du costé superieur & exterieur du quarré de l'œil, on trace le second quart de cercle tournant en dessous jusqu'à la ligne à plomb, & delà ayant placé le pié immobile

Ch. III. au troisiéme point qui est dans le milieu du costé inferieur &
exterieur du quarré de l'œil, on trace le troisiéme quart de cercle, tournant en enhaut & en dedans, jusqu'à la ligne de niveau.
Delà ayant placé le pié immobile au quatriéme point, qui est
dans le milieu du costé inferieur & interieur du quarré de l'œil,
on trace le quatriéme quart de cercle, tournant en enhaut & en
dehors jusqu'à la ligne à plomb. Delà ayant placé le pié immobile au cinquiéme point, qui est au dessous du premier en allant
vers le centre, on trace le cinquiéme quart de cercle, & tout de
même le sixiéme du sixiéme point, qui est au dessous du second,
& le septiéme du septiéme point, qui est au dessous du troisiéme ; & ainsi allant de point en point par le même ordre, on
trace les douze quartiers, qui font la circonvolution spirale de
la Volute.

L'epaisseur du rebord qui est à la face de la Volute, & qui
sous le Tailloir est d'une des douziémes parties, ainsi qu'il a esté
dit, doit aller toûjours en s'étrecissant peu à peu jusqu'à l'œil :
ce rebord est élevé sur la Volute de la douziéme partie, de ce
que l'écorce est large : or comme cette partie va toûjours en s'é-
trecissant, & que ce rebord se diminuë à proportion, son éle-
vation doit aussi diminuer, & cette diminution est reglée par la
largeur dont elle est toûjours la douziéme partie. On trace ce
rebord par un second trait de la même maniere que le premier
l'a esté, en mettant le pié immobile du compas dans douze autres
points qui font fort prests des premiers : sçavoir à la cinquiéme
partie de la distance qui est entre les premiers, au dessous des-
quels ils doivent estre en allant vers le centre de l'œil. Pour avoir
la saillie du Tailloir, il faut donner au talon & à son filet une
saillie au delà de la ligne perpendiculaire, qui soit égale à sa
hauteur, qui est de deux douziémes.

La saillie de l'Echine est égale à sa hauteur, qui est de quatre
douziémes. Ce membre est taillé d'un ornement communément
appellé Ove, parce qu'il a des ovales. Les Grecs les appeloient
Echines, à cause qu'ils trouvoient que ces ovales representoient
des chastaignes à demy enfermées dans leur coque, qui est couverte de pointes, semblables à celles d'un Herisson appellé
Echinos en Grec : on taille cinq de ces Oves à chacune des faces du Chapiteau, dont il n'y en a que trois qui paroissent entieres, les deux qui font proche des Volutes font couvertes par
trois petites gousses, qui sortent d'un fleuron dont la queuë est
couchée sur la premiere circonvolution de la Volute.

Les Volutes qui viennent d'estre décrites font à la face de
devant

devant du Chapiteau & à celle de derriere, les faces des coſtez CH. III.
ſont d'une autre façon. Vitruve appelle cette partie l'oreiller.
Les Modernes luy donnent le nom de baluſtre, parce qu'il reſ-
ſemble à la couppe ou calice de la fleur du grenadier ſauvage
appellé balauſte en Grec. Ce baluſtre eſt double, ayant une
pomme au milieu. Ses rebords vers les Volutes ont deux douziémes, ſelon Vitruve ; c'eſt à dire, la largeur de l'œil. Le profil ou
contour de la pomme eſt appellé ceinture ou baudrier par
Vitruve ; mais le contour en demy cercle qu'il luy donne, ne
s'accorde point avec celuy qu'on luy a donné dans les ouvrages
Antiques, où il a une forme irreguliere, qui ne peut eſtre décrite que par une figure. Ce baluſtre eſt taillé à grands feuïlla-
ges, de même que la pomme eſt recouverte de petites feuïlles
de laurier, arangées en écailles.

Les proportions de ce Chapiteau qui ſont celles de Vitruve,
mais expliquées d'une maniere plus aiſée & plus reguliere, ne
s'accordent pas en tout avec les exemples que nous en avons
des Anciens & des Modernes : Sa hauteur que je fais de dix huit
minutes, ainſi qu'elle eſt au Coliſée, & qui approche de la proportion que Vitruve luy donne, eſt de vingt & une minutes
deux tiers au Theatre de Marcellus, & de vingt & une & demy
au Temple de la Fortune Virile. L'Echine que je fais de la même hauteur que l'écorce, eſt plus grande que tout le reſte du
Chapiteau au Temple de la Fortune Virile ; elle eſt plus petite
que l'écorce au Theatre de Marcellus. La Volute que je fais
haute de vingt-ſix minutes & demie, n'en a que vingt-trois &
un quart à la Fortune Virile, vingt-quatre & demy au Coliſée,
& vingt-ſix & un quart au Theatre de Marcellus. La largeur de
la Volute que je fais de vingt-trois minutes & un tiers comme
au Coliſée, eſt de vingt-cinq & un quart à la Fortune Virile,
& de vingt-quatre au Theatre de Marcellus. La même diverſité
de proportions ſe trouve dans les Auteurs Modernes, l'Echine
qui eſt plus grande que l'écorce dans Palladio, dans Vignole,
dans Barbaro, dans Bullant, & dans de Lorme, eſtant égale dans
Alberti & dans Scamozzi.

Les differences du caractere ſont premierement, que dans
l'Antique de même que dans quelques-uns des Modernes, tels
que ſont Vignole, Serlio, & Barbaro, l'œil de la Volute ne
rapporte pas à l'Aſtragale du haut de la Colonne, comme la
pluſpart des Modernes le font, ſuivant Vitruve, qui ayant dit
que depuis le centre de l'œil juſqu'au bas de la Volute, il y a
trois parties & demie, il adjoûte enſuite qu'il y en a trois au

Q

CH. III. deſſous de l'Aſtragale pour la deſcente de la Volute : car delà il
s'enſuit que l'œil de la Volute & l'Aſtragale ſont au même endroit , puiſque la grandeur de l'œil eſtant d'une partie comme
elle eſt , il y a depuis le centre de l'œil juſqu'au deſſous de l'œil
la demy partie , qui rend l'eſpace qui eſt depuis l'Aſtragale juſqu'au bas de la Volute , moindre que celuy qui eſt depuis le centre de l'œil.

En ſecond lieu , la face des Volutes qui fait ordinairement un
plan droit , eſt un peu courbée & convexe au Temple de la Fortune Virile , en ſorte que les circonvolutions vont en s'avançant
en dehors , ainſi qu'elles ſont en l'Ordre Compoſite de l'Arc de
Titus , de Septimius , & du Temple de Bacchus.

En troiſiéme lieu , dans cette Volute du Temple de la Fortune
Virile , le rebord de la Volute n'eſt pas un ſimple congé à l'ordinaire , mais ce congé eſt accompagné d'un filet. En quatriéme
lieu , les feüilles qui revêtent le baluſtre , ſont quelquefois longues & étroites , ou en feüilles d'eau comme au Theatre de
Marcellus , ou refenduës fort menu , ainſi que Palladio & Vignole
les font : quelquefois elles ſont larges en maniere de feüilles
d'olivier comme au Chapiteau Corinthien ; ainſi qu'elles ſont au
Temple de la Fortune Virile. En cinquiéme lieu , aux Colonnes angulaires du Temple de la Fortune Virile , les deux faces
des Volutes ſont jointes enſemble au coin de dehors , & les baluſtres ſont joints de même au coin de dedans , ce qui a eſté
fait pour empeſcher que les Chapiteaux des Colonnes qui ſont
au tour du Temple , n'ayent les faces au devant & au derriere du
Temple , differentes de celles qui ſont aux coſtez : ſçavoir , les
unes à Volutes & l'autres à baluſtres : car par ce moyen elles
ſont à Volutes de tous les coſtez.

Cette difference des faces du Chapiteau Ionique , qui le rend
incommode , a obligé les Modernes , ſuivant Scamozzi , de le
changer , en faiſant ſes quatre faces pareilles , par la ſuppreſſion
du baluſtre , & courbant toutes les faces des Volutes , & les creu-
ſant en dedans comme elles ſont dans l'Ordre Compoſite. Il y a
neanmoins deux choſes qu'on peut trouver à redire dans le
Chapiteau de Scamozzi ; l'une eſt que l'épaiſſeur de la Volute
eſt égale , au lieu qu'à l'Ionique de la Fortune Virile , & par tout
aux Chapiteaux Compoſites , d'où cette Volute a eſté priſe , elle
va en s'élargiſſant en deſſous avec beaucoup de grace. L'autre
choſe eſt qu'il fait ſortir la Volute de l'Echine , comme d'un
vaſe à la maniere du Compoſite des Modernes , qui ont introduit ce changement contre ce qui ſe voit dans la pluſpart des

ouvrages Compofites de l'Antique, où l'écorce paffe fur l'Echine   CH. III.
& fous le Tailloir toute droite, & fe recourbe feulement par fes
extremitez qui forment la Volute : car fans cela le Tailloir du
Chapiteau Ionique qui n'eft qu'un talon, fe trouve eftre un
membre trop mince, & qui a befoin d'eftre foutenu par l'écorce, comme il l'eft dans la Volute Ionique ancienne. Je croy
qu'on peut auffi trouver à redire à ce que les Architectes qui
mettent en ufage le Chapiteau de Scamozzi, ont choifi celle
des deux manieres qu'il propofe, qui femble la moins convenable à l'Ordre Ionique ; car cet Auteur fait le Tailloir en
deux manieres, dont l'une eft de le courber comme la Volute,
ainfi qu'il eft dans l'Ordre Compofite ; l'autre de le laiffer tout
droit & tout quarré, ainfi qu'il eft à l'Ionique ancien, & qu'il fe
voit au Temple de la Fortune Virile, où le Tailloir ne s'étend
point fur les coins des Volutes, y ayant feulement une feüille
qui fort de deffous le coin du Tailloir, & fe renverfe fur la
Volute, & va defcendre jufqu'au droit de l'œil de la Volute : &
pour diftinguer encore davantage cet Ordre du Compofite, il
n'y a point de fleuron entre les Volutes.

Depuis quelques années les Sculpteurs ont adjoûté au Chapiteau Ionique un enrichiffement, que Scamozzi qui a donné une
nouvelle forme à ce Chapiteau, n'y avoit point mis, qui eft de
faire des feftons, qui avec les petites gouffes des Volutes fortent
du fleuron, dont la queuë eft couchée fur la premiere circonvolution de la Volute : & il femble qu'ils ont voulu reprefenter
les boucles de cheveux pendantes aux deux coftez du vifage,
aufquelles Vitruve veut que les Volutes reffemblent : car on
pourroit dire que les Volutes reprefentent plûtoft les treffes des
cheveux entortillées, & que les feftons reffemblent mieux aux
boucles des cheveux annelez.

Au refte, il faut remarquer qu'il y a une opinion parmy les
Architectes, que les Volutes de ce Temple font plus ovales &
plus larges par les coftez, qu'elles ne le font à l'ordinaire, ce qui
n'eft point vray ; car quoique les Chapiteaux de cet édifice foient
differens & la plus part imparfaits, il eft certain, que ceux qui
font achevez, bien loin d'avoir la Volute ovale en largeur, ils
l'ont plûtoft alongée de haut embas, ayant vingt-fix minutes
& demy de haut, & vingt-trois & demy de large ; au lieu qu'au
Theatre de Marcellus où elles n'ont que vingt-fix minutes & un
quart de haut, elles en ont vingt-quatre de large.

L'Entablement a de hauteur à l'ordinaire deux diametres du
bas de la Colonne ou fix petits Modules. On le divife auffi comme

 à tous les autres Ordres excepté le Dorique , en vingt parties ; dont l'Architrave en prend six & la frise autant , les huit qui restent estant pour la Corniche. Les proportions des trois parties dont cet Entablement est composé sont differentes dans les Auteurs. Vitruve fait la Frise plus grande que l'Architrave ; ce que Palladio , Scamozzi , Serlio , Barbaro , Cataneo & Viola ont imité. Au contraire au Temple de la Fortune Virile & au Thatre de Marcellus , la Frise est plus petite que l'Architrave ; & cette proportion a esté suivie par Vignole & par de Lorme. Alberti que je suis en cela , tient le milieu & fait la Frise égale à l'Architrave : il donne aussi huit parties à la Corniche, dont l'Architrave & la Frise ont chacun six ; qui sont les proportions que j'ay donné à ces parties.

 Pour avoir les hauteurs des membres de l'Architrave , on le partage en cinq parties ; on en donne une à la Simaise composée d'un talon avec son filet : le reste estant divisé en douze parties , on en donne trois à la premiere face de l'Architrave ; quatre à la seconde, & cinq à la troisiéme. Les Saillies se reglent par les cinquiémes parties du petit Module ; de maniere qu'on donne le quart d'une de ces cinquiémes à la Saillie de chaque face , & une cinquiéme entiere au Talon avec son filet : ce qui fait une cinquiéme & demie pour la Saillie de tout l'Architrave.

Ces proportions ne se trouvent pas dans tous les Ouvrages qui nous servent d'exemple ; la Simaise est plus petite dans Vitruve que nous ne la faisons , il ne luy donne que la septiéme partie de l'Architrave , au lieu que je la fais de la cinquiéme, ainsi qu'elle est au Theatre de Marcellus , parce que dans l'Antique elle est quelquefois beaucoup plus grande , estant au Colisée de la quatriéme & demie, & au Temple de la Fortune Virile de la deuxiéme & demie. Les modernes aussi sont differens les uns des autres , Serlio & Bullant la font petite selon Vitruve , & les autres la font plus grande comme Palladio , Vignole , Alberti & Viola.

Le caractere est encore different, en ce que l'on met quelquefois des Astragales entre les faces comme Palladio a fait. Au Temple de la Fortune Virile il n'y en a qu'un , & il n'est pas entre les faces , mais au milieu de la seconde face. Scamozzi en met un sous la Simaise comme à l'Ordre Corinthien. J'ay cru que la simplicité que Vitruve donne à cet Architrave , en luy ostant les Astragales , estoit convenable à cet Ordre , qui ne doit pas avoir les ornemens qui sont particuliers aux plus delicats :
quoique

quoique Vitruve ne mette point cette difference entre ces deux CH. III.
Ordres, qu'il ne diſtingue l'un de l'autre que par les Chapiteaux.
Car ſi depuis Vitruve les Architectes ont adjoûté des ornemens
à l'Ordre Corinthien , ils l'ont fait , ce me ſemble , avec plus de
raiſon que ceux qui ont voulu donner ces mêmes ornemens à
l'Ordre Ionique. Les faces ſe font quelquefois inclinées en arriere , & la Soffite de leur ſaillie non à plomb , mais levée par le
devant, ainſi qu'il ſe voit au Temple de la Fortune Virile ; & l'on
pretend que cela ſe fait afin que les ſaillies & les hauteurs des
membres paroiſſent autres qu'elles ne ſont. Vitruve veut que toutes les faces des membres qui ſont dans les Entablemens ſoient
inclinées en devant , pretendant que cette inclinaiſon les fait
pareſtre à plomb. Il ſe trouve neanmoins dans l'Antique , que
les faces ſont plus ſouvent inclinées en arriere qu'en devant.
Mais toutes ces choſes ſont examinées dans un chapitre à part ,
où il eſt parlé du changement des Proportions. Cependant
je croy que tout ce qui doit paroiſtre à plomb & à niveau ,
doit eſtre fait à plomb & à niveau , & ainſi dans tous les
membres de quelque Ordre que ce ſoit, je me conduis par cette
regle.

La Friſe petite & ronde ainſi que Vitruve l'a faite, ne ſe trouve
point pratiquée dans l'Antique , ſi ce n'eſt aux Thermes de
Diocletien ; auſſi la pluſpart des Modernes ne l'ont point approuvée.

Les huit vingtiémes de tout l'Entablement qui ſont données
à toutes les Corniches hormis à celle de l'Ordre Dorique, reglent
la hauteur de celle-cy , & celle de tous ſes membres qui ſont
au nombre de dix. Le premier qui eſt un Talon a une des vingt-
tiémes ; le ſecond qui eſt un Denticule , en a un & demy ; le
troiſiéme, eſt un filet qui a un quart de partie ; le quatriéme, eſt
un Aſtragale qui en a autant ; le cinquiéme, eſt une Echine qui
a une partie ; le ſixiéme, eſt le Larmier qui en a une & demie ;
ſous le Larmier il y a une goutiere qui a un tiers de partie
d'enfoncement ; le ſeptiéme membre, eſt un Talon qui a une
demy partie ; le huitiéme eſt ſon filet qui en a un quart ; le
neuviéme, eſt la doucine qui a cinq quarts de partie ; le dixiéme,
eſt l'Orle ou filet de la Simaiſe ou Doucine , qui a une demy
partie.

Les Saillies ſont reglées par les cinquiémes du petit module ,
dont on donne douze à la Saillie de toute la Corniche : le
Talon en a une, à prendre du nû de la Friſe , le Denticule trois,

Ch. III. l'Ove ou Echine avec l'Astragale & le filet, sur lequel il est, quatre & demie : le Larmier huit & demie, le Talon avec son filet neuf & demie, la Simaise douze.

Pour tailler le Denticule, on partage la hauteur en trois parties, dont on en donne deux au Denticule & une à l'entre-deux.

Ce qu'il y a dans ces proportions de different d'avec l'Antique & d'avec les Modernes, est principalement dans la coupure du Denticule, que Vitruve avec quelques Modernes, comme Barbaro & Cataneo, font fort étroite, ne donnant à la largeur du denticule que la moitié de sa hauteur, & les deux tiers de la largeur à l'entredeux : & que d'autres, comme Vignole & Serlio, font plus large. La proportion que je luy donne, est celle qu'il a au Theatre de Marcellus, à l'Arc des Orfévres, à l'Arc de Septimius, au Temple de Jupiter Tonnant, & aux trois Colonnes de Campo Vaccino : car comme Vitruve fait le Denticule fort étroit, il y en a aussi dans l'Antique qui le font fort large, luy donnant presque autant de largeur que de hauteur, ainsi qu'il est au Temple de la Fortune Virile, au Marché de Nerva, à l'Arc de Titus & à l'Arc de Constantin.

Le caractere que j'ay choisi est celuy de Vitruve & de l'Antique, qui consiste en ce que la Corniche Ionique a des Denticules, ce que la pluspart des Modernes comme Serlio, Vignole, Barbaro, Cataneo, Bullant, de Lorme & Alberti ont suivi : ceux qui y mettent des Modillons comme Palladio, Scamozzi & Viola, ont emprunté cette Corniche du Temple de la Concorde, qui est un Ionique irregulier en toutes ses parties, mais principalement dans sa Corniche : Les Modillons estant le caractere de la Corniche Corinthienne & de la Composite, de même que les Mutules le sont de la Dorique, & les Denticules de l'Ionique ; & je ne croy pas que l'on doive approuver cette imitation que ces Architectes ont fait de la Corniche du Temple de la Concorde, comme on loüe Scamozzi, d'avoir pris le modele de son Chapiteau Ionique sur cet Ancien édifice. Je n'ay point aussi taillé l'Ove dans l'Echine, qui est sur le Denticule, ny fait de rayes de cœur, ou d'autre sculpture dans les Talons de l'Architrave ny de la Corniche ; parce que je trouve que cela rend cette Corniche trop ornée pour l'Ordre, auquel Vitruve n'accorde que le seul Denticule. Aux Corniches qui ne sont point recouvertes par un Fronton, Vitruve met dans la grande Simaise au droit de chaque Colonne & dans l'entredeux des

Colonnes , des Teſtes de Lion par des eſpaces égaux, & veut que CH. III.
celles qui ſont au droit des Colonnes, ſoient percées pour jetter
l'eau qui tombe ſur la Corniche & ſur le toit. Au Temple de la
Fortune Virile , elles n'ont aucun rapport ny avec les Colonnes,
ny avec les entredeux des Colonnes.

EXPLICATION DE LA QUATRIE'ME
PLANCHE.

A. **B**Aſe que *Vitruve donne pour tous les Ordres qui en ont*, & *que les Modernes affectent au ſeul Ordre Ionique. Le morceau du Fuſt de la Colonne, qui y eſt attaché, eſt cannelé de cette eſpece de Cannelures qu'on appelle Rudentées.*

BCD. *Le plan de cette Baſe.* C. *Plan des Cannelures Rudentées.* D. *Plan de l'eſpece de Cannelure qui eſt aux Colonnes du dedans du Pantheon.*

E. *Face du Chapiteau Ionique Ancien.* F. *Coſté du même Chapiteau.*

G. *Coſté du Chapiteau Ionique Moderne reformé par Scamozzi, &* ſuivant *la forme que je croy qu'il doit avoir, qui eſt de faire paſſer ſon écorce ſur le Vaſe ſans entrer dedans. Il faut remarquer que le morceau du Fuſt de la Colonne, qui y eſt attaché, a des Cannelures coupées par en-haut, de la maniere qu'elles eſtoient aux Tuteles à Bordeaux.*

H. *Plan du Chapiteau Moderne reformé.*

L. *Deſcription de la Volute Ionique Antique.* K. *Oeil de la Volute repreſenté en grand, qui dans la Volute* L, *eſt marqué.* a. *Depuis* a, *juſqu'à* b, *eſt la grandeur du petit module partagée en douze, dont les onze depuis* i, *juſqu'à* b, *font la hauteur du Chapiteau, & les dix-neuf à prendre depuis* b, *juſqu'embas, determinent juſqu'où la Volute doit deſcendre.* d, e, *eſt la ligne à niveau qui paſſe par le centre de l'œil.*

Pour tracer le contour de la Volute, on met le pié immobile du compas ſur le premier point marqué 1, *dans l'œil* K, & *l'autre pié à l'endroit marqué* m, *dans la Volute* L ; & *l'on trace en dehors le quart de cercle* m, n. *De cet endroit ayant placé le pié immobile au ſecond point marqué* 2. *dans l'œil* K, *on trace le ſecond quart de cercle marqué* n, o ; & *de-là mettant le pié immobile ſur le point* 3, *on trace le troiſiéme quart de cercle marqué* o, d ; *de-là auſſi mettant ce pié immobile ſur le point* 4, *on trace le quatriéme quart de cercle marqué* d, s ; & *delà encore mettant le pié immobile ſur le point* 5, *on trace le cinquiéme quart de cercle marqué* s, t ; & *ainſi de point en point, on trace les trois contours.*

La ligne c, *répond au nû du bas de la Colonne. Celle qui eſt marquée* m, v, t, *marque le contour de la pomme du baluſtre, que Vitruve appelle Ceinture ou Baudrier.*

CHAPITRE

IV. Planche.

CHAPITRE IV.

De l'Ordre Corinthien.

Vitruve ne fait l'Ordre Corinthien & l'Ionique differens que par les chapiteaux dont la proportion & le caractere n'ont rien de femblable. On trouve dans les edifices baftis depuis Vitruve d'autres differences que celles des chapiteaux : car la tige de la Colonne Corinthienne eft plus courte que ce celle de l'Ionique : la Baze eft toute autre. L'Architrave outre les trois faces & la Cymaife a encore deux Aftragales & un Talon. La Corniche à un Ove & des Denticules qui ne font point dans l'Ordre Ionique de Vitruve.

Dans la premiere partie de ce traitté où les proportions font établies en general, on a donné à tout l'Ordre quarante-trois petits Modules dont le Piedeftail en a neuf, la Colonne vingt-huict, & l'Entablement fix. Les proportions ont auffi efté reglées donnant à toute la Baze le quart du Piedeftail, & le demiquart à la Corniche ; le Socle de la Baze ayant les deux tiers de toute la Baze, l'autre tiers eft partagé en neuf, d'où l'on prend les hauteurs des cinq membres dont cette partie eft compofée, qui font un Tore, une Doucine avec fon Filet & un Talon avec fon Filet en deffous. Le Tore a deux parties & demi des neuf, la Doucine en a trois & demie, dont la demie eft pour le Filet ; le Talon deux & demie, & fon Filet une demie. La Saillie du Tore eft celle de toute la Baze ; celle de la Doucine eft de deux cinquiémes & trois quarts du petit Module, celle du Talon avec fon Filet eft d'une cinquiéme.

BASE DU
PIEDESTAIL.

Le caractere de cette Baze eft pris de Palladio qui a imité celle qui eft à l'Arc de Conftantin, laquelle n'eft differente de celle de Palladio, qu'en ce qu'au lieu du Talon, qui fait le membre d'enhaut de la Baze dans Palladio, il y a un Aftragale avec un cavet au deffus. Aux Autels du Pantheon c'eft auffi prefque la même chofe, toute le difference eftant en ce que le Talon a un Aftragale qui luy tient lieu de Filet.

A la Corniche, les fix membres qui la compofent font un Talon avec fon Filet en deffus, une Doucine qui monte fous le Larmier qu'elle creufe pour former une mouchette, un Larmier & un Talon avec fon Filet en deffus. Toute la Corniche eft divifée en onze parties, dont on en donne une & demie au Talon & une demie à fon Filet, trois à la Doucine, trois au

CORNICHE
DU
PIEDESTAIL.

S

Cʜ. IV. Larmier , deux au Talon qui la couronne , & une à ſon Filet. Le Talon d'embas avec ſon Filet a de Saillie une cinquiéme partie du petit Module , à prendre du nû du Dé ; la Doucine juſqu'à la Mouchette deux cinquiémes parties & demy tiers ; la Saillie du Larmier eſt de trois parties ; le Talon d'enhaut avec ſon Filet a une cinquiéme de petit Module par delà le Larmier.

Le caractere de cette Corniche eſt encore pris de Palladio, & il n'eſt different de celuy des Autels du Pantheon , qu'en ce qu'au lieu du Talon d'enhaut il y a une Doucine au Pantheon. À l'Arc de Conſtantin , cette Corniche eſt bien irreguliere, n'ayant point le rapport, que les Corniches des Piedeſtaux ont ordinairement avec leurs Bazes, qui eſt d'eſtre toûjours compoſées d'un plus grand nombre de membres que les Bazes ; car elle eſt ſi ſimple, qu'au lieu de ſix membres que je luy donne , elle n'en a que quatre, ſçavoir un Filet, une Aſtragale, & une Doucine avec ſon Filet ; & ſes membres ſont auſſi fort diſproportionnez, le filet qui eſt ſoûs l'Aſtragale ayant une petiteſſe, & l'Aſtragale avec la Doucine une grandeur qui ſont exceſſives. Au Temple de Veſta à Tivoli on voit une pareille diſproportion, mais c'eſt dans la Baze , laquelle n'eſt compoſée que d'un grand Talon avec ſon Filet , qui tiennent lieu de Baze & de Socle dans le Piedeſtail.

Bᴀꜱᴇ ᴅᴇ ʟᴀ Cᴏʟᴏɴɴᴇ.   Les anciens Architectes venus immediatement aprés Vitruve ont inventé une Baze pour la Colonne Corinthienne qui ſemble eſtre compoſée de la Baze Attique , & de l'Ionique ; car elle a deux Torés comme l'Attique , & deux Aſtragales & deux Scoties comme l'Ionique. Dans la diverſité des proportions qui ſe trouvent parmy les exemples que les Ouvrages des anciens & des modernes donnent pour cette Baze , me reduiſant à mon ordinaire à la mediocrité, je trouve que toutes les hauteurs des membres ſe peuvent prendre de la diviſion faite de quatre en quatre, de même qu'elle eſt faite dans le Chapiteau de la Colonne Dorique de trois en trois : car la quatriéme partie du demy diametre de la colonne qui fait la hauteur de toute la Baſe, eſt la hauteur du Plinthe ; la quatriéme de ce qui reſte, eſt la hauteur du Tore d'embas ; la quatriéme de ce qui reſte eſt la hauteur du Tore d'enhaut ; la quatriéme de ce qui reſte eſt pour les Aſtragales du milieu qui ont chacun la moitié de cette quatriéme ; la quatriéme de ce qui reſte entre chaque Tore & chaque Aſtragale eſt pour le gros Filet de la Scotie lequel doit toucher à chaque Tore ; le quatriéme de ce qui reſte eſt pour le petit Filet qui doit toucher à l'Aſtragale ; & le reſte eſt pour la Scotie.

Toscan.   Dorique.   Ionique.   Corinthien. Composite.

Les Saillies se reglent à l'ordinaire par les cinquiémes du petit
Module, de maniere que le grand Tore, de même que le Plyn-
the a de saillie depuis le nû de la Colonne trois cinquiémes, les
Astragales & le gros Filet de la Scotie inferieure deux cinquiémes, le Tore d'enhaut & les petits Filets des Scoties une cinquiéme & trois quarts de cinquiéme, & le gros Filet de la Scotie superieure une cinquiéme & demie.

Dans les proportions & dans le caractere de cette Base que
je donne, il n'y a presque rien qui la fasse differente de l'Antique, que la proportion des Scoties que je fais égales quoiqu'elles
se trouvent presque toûjours de grandeur differente dans l'Antique,
celle de dessus estant plus petite que l'autre. Mais comme tous
les Modernes les font égales, j'ay crû que je ne pouvois faillir en
suivant ces grands maistres.

Ce qu'il y a de remarquable dans le Fust de la Colonne Fust de la
Corinthienne est la hauteur, laquelle, ainsi qu'il a esté dit, est Colonne.
moindre qu'à la Colonne Ionique, parceque sons Chapiteau estant

beaucoup plus haut , si l'on avoit accrû le Fust à proportion , ainsi que l'on fait dans les autres Ordres , la colonne entiere auroit une augmentation trop grande. Pour ce qui est des Cannelures tout ce qui peut leur appartenir a esté dit au Chapitre precedent, n'y ayant point de difference entre les Cannelures de ces deux Ordres , soit dans la figure, soit dans le nombre ; car si quelquefois dans l'Antique il se trouve que l'Ionique a moins de Cannelures que le Corinthien , comme au Temple de la Fortune Virile , où elles ne sont qu'au nombre de vingt ; il y a aussi des Colonnes Corinthiennes qui n'en ont pas davantage, ainsi qu'il se voit au Temple de la Sibylle à Tivoli.

Le Chapiteau Corinthien est encore plus different des trois autres, que l'Ionique ne l'est du Dorique & du Toscan : car il n'a ni le Tailloir ni l'Ove qui sont des parties essentielles communes au Toscan, au Dorique & à l'Ionique. Il a bien un Tailloir mais il est tout à fait different des autres ayant ses quatre faces courbées & creusées en dedans où il a une rose à chacune des quatre faces. Au lieu d'Oves & d'Annelets il n'a qu'un rebord de vase, & ce qui luy tient lieu de gorge est fort alongé , & garni d'un double rang de huit feüilles recourbées en dehors , d'entre lesquels il sort de petites tigettes, d'où naissent les Volutes qui n'ont aucune ressemblance avec celles du Chapiteau Ionique , & qui au lieu des quatre de l'Ionique sont au nombre de seize, quatre à chaque face.

Pour avoir la hauteur de ce Chapiteau, on adjoûte à la grandeur de tout le diametre du bas de la Colonne une sixiéme, ce qui fait trois petits Modules & demy. Cette hauteur estant partagée en sept, on donne les quatre d'embas aux feüilles, c'est à dire deux parties au premier rang des feüilles, & deux autres au second. La hauteur de chaque feüille estant partagée en trois, la partie d'enhaut est pour la descente de la courbure de la feüille. Les trois parties qui restent des sept au haut du Chapiteau sont pour les Tigettes , les Volutes , & le Tailloir. On partage cet espace en sept parties dont on donne les deux d'enhaut au Tailloir, les trois d'aprés à la Volute , & les deux dernieres aux Tigettes ou Caulicoles ; en sorte que l'une de ces deux parties est pour la descente de la courbure des feüilles des Caulicoles dont il y en a deux qui se rencontrent & se joignent à l'endroit où les Volutes s'assemblent & se joignent, qui est aux quatre coins & aux quatre milieux du Chapiteau. Soûs les coins de l'Abaque où les Volutes s'assemblent , il y a une petite feüille d'Acanthe qui se recourbe vers le coin du Tailloir , pour garnir le vuide

qui

qui eſt entre la Volute qui deſcend, & le coin du Tailloir qui CH. IV.
demeure droit.

Les feüilles entieres ſont refenduës, faiſant trois étages d'autres feüilles plus petites dont elles ſont compoſées, & qu'elles
ont de chaque coſté ſans la feüille du milieu qui ſe recourbe en
dehors : les feüilles plus petites ſont encore refenduës ordinairement en cinq feüilles, qu'on appelle feüilles d'olivier, & quand elles
ne ſont refenduës qu'en trois, on les appelle feüilles de Laurier.
La feüille du milieu qui ſe recourbe eſt refenduë en onze, leſquelles ſont convexes en dehors les autres eſtant caves. Au deſſus des feüilles du milieu, il y a un Fleuron qui pouſſe entre les
Caulicoles ou Tigettes & les Volutes du milieu, comme la queuë
qui ſoûtient la roſe qui eſt au milieu du Tailloir.

Pour faire le plan du Chapiteau, il faut tracer un quarré égal
au Plinthe de la Baſe, & faire un triangle équilateral, dont un
des coſtez du quarré ſoit la Baſe : l'angle oppoſé à cette Baſe,
ſera le centre d'où l'on tracera la courbure du Tailloir : Pour
avoir la coupure des coins du Tailloir, il faut diviſer un des
coſtez du quarré en dix parties, dont une doit eſtre la largeur
du coin coupé, & la coupure doit eſtre faite ſur l'angle du
quarré.

Les proportions de ce Chapiteau ſont differentes dans les ouvrages de l'Antique, & dans les Livres des Architectes. Dans
l'Antique tout le Chapiteau eſt quelquefois plus bas d'une ſeptiéme partie, n'ayant que le diametre du bas de la Colonne,
ainſi qu'il ſe voit au Temple de la Sibille à Tivoli, ce qui eſt
ſuivant Vitruve : Quelquefois il eſt plus haut, comme au Temple de Veſta à Rome, & au Frontiſpice de Neron, où il a prés
de deux ſixiémes plus que le diametre du bas de la Colonne. Il
a quelquefois la grandeur que je luy donne, comme au Portique
de Septimius & au Temple de Jupiter Tonnant : Quelquefois il
eſt ſeulement un peu plus bas, comme au Pantheon, aux trois
Colonnes, aux Temples de Fauſtine, de Mars le Vengeur, au
Portique de Septimius, & à l'Arc de Conſtantin : Quelquefois
il eſt un peu plus haut, comme aux Thermes de Diocletien. Les
Modernes ſont auſſi partagez, car les uns l'ont fait de la grandeur que je luy donne, comme Palladio, Scamozzi, Vignole,
Viola, de l'Orme ; les autres comme Bullant, Alberti, Cataneo,
Barbaro & Serlio l'ont fait bas ſelon Vitruve. Le Tailloir dans
Vitruve comme aux trois Colonnes, & au Temple de Fauſtine
eſt de la ſeptiéme partie de tout le Chapiteau ; il eſt quelque-
fois plus petit, n'ayant que la huitiéme comme au Pantheon, à

CH. IV la Bafilique d'Antonin , & au Marché de Nerva ; ce qui eft à un tiers de minute prés de ce que je luy donne : Quelquefois il eft plus grand ayant jufqu'à la cinquiéme & fixiéme, comme aux Temples de Vefta à Rome, & à celuy de la Sibille à Tivoli.

Dans le caractere il n'y a pas moins de diverfité , Vitruve refend les feuïlles en maniere d'Acanthe , ainfi qu'elles font au Temple de la Sibille à Tivoli : la plufpart de l'Antique les fait à feuïlles d'Olivier refenduës en cinq. Quelques-uns les refendent feulement en quatre, comme au Temple de Mars le Vengeur, d'autres en trois comme au Temple de Vefta à Rome. Les Modernes qui les font à feuïlles d'Acanthe font Serlio , Barbaro & Cataneo. Ces feuïlles dans l'antique font quelquefois inégales en hauteur, eftant plus grandes au rang d'embas, ainfi qu'il fe voit au Portique & au dedans du Pantheon, au Temple de Vefta à Rome , à celuy de la Sibille à Tivoli, à celuy de Fauftine, au Marché de Nerva , à l'Arc de Conftantin, au Colifée, & aux Thermes de Diocletien : Quelquefois elles font plus hautes au fecond rang, ainfi qu'il fe voit à la Bafilique d'Antonin ; & quelquefois auffi elles font égales ainfi que je les ay faites , comme aux trois Colonnes de Campo Vaccino, au Temple de Jupiter Tonnant, & à celuy de Mars le Vengeur, au Frontifpice de Neron , & au Portique de Septimius. Les coftes du milieu des feuïlles font le plus fouvent refenduës des deux coftez, ainfi qu'elles fe voyent au Pantheon, au Temple de Fauftine, à ceux de Jupiter Tonnant, & de Mars le Vengeur, au Frontifpice de Neron , à la Bafilique d'Antonin , au Portique de Septimius, & aux Thermes de Diocletien : Quelquefois elles font fans refends comme au Temple de Vefta à Rome , & de la Sibille à Tivoli, aux trois Colonnes, au Marché de Nerva, & à l'Arc de Conftantin. Le premier rang des feuïlles fait encore ordinairement par embas, comme un ventre qui eft plus grand en quelques édifices qu'en d'autres : il eft fort remarquable au Temple de Vefta à Rome. Au Chapiteau d'un pilaftre qui eft refté du Frontifpice de Neron , & à un autre qui eft aux Thermes de Diocletien , il y a plus de feuïlles qu'on n'en fait ordinairement aux pillaftres : car au lieu qu'à chaque face les pillaftres n'ont que deux feuïlles au premier rang, & trois au fecond, il y en a trois à ceux-cy au premier rang, & quatre au fecond ; & de plus à celuy du Frontifpice de Neron , il y en a encore une entre les Caulicoles & les Volutes du milieu, au lieu du petit Fleuron. Cette feuïlle fe trouve auffi au Chapiteau du Temple de Vefta à Rome.

Le Tailloir eft pointu par les coins au Temple de Vefta à

Rome, ce qui semble estre selon Vitruve, qui ne parle point de Ch. IV.
couper les coins du Tailloir Corinthien, & qui ne parle que de
ses quatre coins qui doivent estre au nombre de huit quand les
coins sont coupez. La rose qui est au milieu du Tailloir a aussi
quelque diversité, Vitruve la fait de la largeur du Tailloir : on
l'a faite du depuis descendre jusqu'au dessous du rebord du Vase
ou Tambour, & elle est mesme encore beaucoup plus grande au
Temple de la Sibille à Tivoli, où elle couvre presque les Volutes du milieu ; sa figure est aussi differente, c'est ordinairement
une rose composée de six feuïlles refenduës, chacune en cinq
feuïlles d'olivier, du milieu desquelles sort une forme de queuë
de poisson ondoyée & relevée en enhaut : Elle est ainsi au Pantheon, au Temple de Faustine de Jupiter Tonnant, de Mars le
Vengeur, au Marché de Nerva & aux Thermes de Diocletien.
Au Temple de Vesta, il y a une forme d'épi à la place de la
queuë de Poisson. Au Temple de la Sibille à Tivoli, la rose qui
est grande & composée de feuïlles non refenduës, a en son milieu
aussi, une forme d'épi tourné en vis. Au Frontispice de Neron,
il y a un Fleuron. A la Basilique d'Antonin, & à l'Arc de
Constantin, le bas de la rose est relevé en enhaut, & a un épi au
milieu. Aux trois Colonnes la Rose qui est à feuïlles d'Acanthe,
est fort penchée en embas, & a au milieu une grenade tournée
en embas. Au Portique de Septimius, au lieu de Rose, il y a un
Aigle tenant un Foudre. Cette Rose, ou ce qui est mis au milieu
du Tailloir à la place de la Rose, a des Saillies differentes : elle
surpasse quelquefois la ligne qui va de l'une des cornes du Tailloir à l'autre, comme il se voit aux trois Colonnes, aux Autels
du Pantheon, au Temple de la Sibille, & à la Basilique d'Antonin, quelquefois elle est quelque peu plus en dedans, comme
aux Temples de Jupiter Tonnant, à celuy de Mars le Vengeur,
& aux Thermes de Diocletien ; & quelquefois elle est égale comme au Pantheon, & au Temple de Faustine.

Les Volutes sont quelquefois attachées l'une à l'autre, comme
au Portique & au dedans du Pantheon, aux Temples de Jupiter
Tonnant, de Mars le Vengeur, &c. Quelquefois elle sont tout
à fait détachées comme au Temple de Vesta, au Frontispice de
Neron, à la Basilique d'Antonin, &c. Les Vrilles des Volutes,
sont dans l'Antique ordinairement de deux manieres : les unes
s'entortillent jusqu'au petit bout d'une même maniere, ainsi
qu'est la coquille d'un limaçon : les autres vers le centre se recourbent & forment comme une petite S. On voit de celles de
la premiere maniere au dedans du Pantheon, au Temple de Vesta,

CH. IV. à celuy de Tivoli , & aux Thermes de Diocletien : l'autre maniere plus ufitée dans l'Antique , fe voit au Portique du Pantheon , à celuy de Septimius , aux trois 'Colonnes , au Temple
de Jupiter Tonnant , à celuy de Mars le Vengeur , & à celuy de
Fauftine , au Frontifpice de Neron , à la Bafilique d'Antonin ,
au Marché de Nerva , & à l'Arc de Conftantin ; ce que neanmoins les Modernes n'ont point pratiqué. Mais il y a des Volutes tout à fait particulieres aux trois Colonnes : car celles du
milieu de chaque face , au lieu de fe joindre par leur bord à l'ordinaire s'entrelacent de forte que celle qui paffe en enhaut fur
l'autre , paffe enfuite par deffous.

L'Entablement qui eft de fix petits Modules , eft divifé à l'ordinaire en vingt parties , dont il y en a fix pour l'Architrave ,
autant pour la Frife , & huit pour la Corniche. Ces proportions
font differentes , tant dans l'Antique que dans les Auteurs ; car
la Frife eft plus grande que l'Architrave au Temple de Jupiter
Tonnant , & à celuy de la Sibille de même que dans Serlio &
dans Bullant. Elle eft plus petite au Portique du Pantheon , au
Temple de la Paix , à la Bafilique d'Antonin , au Portique de
Septimius , à l'Arc de Conftantin , dans Palladio , dans Scamozzi ,
dans Barbaro , dans Cataneo , & dans Viola : mais la Frife eft
égale à l'Architrave au dedans du Pantheon.

Pour avoir les hauteurs des parties de l'Architrave , on divife
chacune de fes fix parties en trois , ce qui fait dix huit en tout ;
on en donne trois au Talon qui eft au haut , dont le Filet en a
une & un quart ; le grand Aftragale qui eft fous le Talon en a
une ; on en donne cinq à la face d'enhaut ; une & demie au
petit Talon qui eft deffous ; quatre à la face du milieu ; une
demie au petit Aftragale qui eft deffous , & trois à la face d'embas. Pour les Saillies on donne deux cinquiémes de petit Module à celle de tout l'Architrave ; la face d'enhaut a une de ces
cinquiémes ; la face du milieu la moitié d'une cinquiéme , & la
face d'embas répond au nû du haut de la Colonne.

Ces proportions font moyennes entre les differens excez des
Anciens & des Modernes : car le grand Talon à qui je donne
une fixiéme de tout l'Architrave , a plus de la cinquiéme au
Portique & au dedans du Pantheon , aux Temples de Fauftine &
de Jupiter Tonnant , au Marché de Nerva , au Portique de Septimius , à l'Arc de Conftantin , au Colifée & aux Thermes de
Diocletien ; mais il n'a que la feptiéme aux trois Colonnes , & à
Mars le Vengeur. Les Modernes font auffi differens de la même
maniere, Palladio , Vignole , Alberti , & de Lorme , luy donnant
plus

plus de la cinquiéme, & Serlio, Barbaro, Cataneo, & Bullant, CH. IV.
ne luy donnant que la septiéme.

Les differences du caractere sont aussi fort diverses, y ayant
des Architraves Corinthiens, qui au lieu du Talon d'enhaut,
ont un Cavet & une Echine au dessous, ainsi qu'on en voit au
Temple de la Paix, au Frontispice de Neron, & à la Basilique
d'Antonin : quelquefois au lieu de l'Echine, il y a un Talon
sous le Cavet, ainsi qu'au Temple de la Sibille, & dans Scamozzi.
Il y a encore des Architraves, où il n'y a rien sous le Talon,
ny entre les faces comme au Colisée, & à l'Arc de Constantin :
d'autres où il n'y a que des Astragales & point de petit Talon,
comme au Temple de la Sibille, & dans Scamozzi. Il y a encore des Architraves, où il n'y a que des Astragales & point
de petit Talon, comme au Temple de Mars le Vengeur, & il y
en a encore qui n'ont que deux faces, comme au Frontispice
de Neron, & à la Basilique d'Antonin, d'autres qui ont la face
du milieu toute remplie d'ornemens, comme il se voit aux trois
Colonnes de Campo Vaccino.

Ce qu'il y a à remarquer dans la Frise, est qu'il s'en trouve FRISE.
où elle ne sort pas quarrément de dessus l'Architrave, mais elle
s'y joint en maniere de congé. Cette maniere se trouve pratiquée aux Thermes de Diocletien & au Temple de Jupiter Tonnant. Palladio, & Scamozzi l'ont affectée, quoy qu'elle soit
rare dans l'Antique : & l'on peut dire qu'elle a quelque chose
d'incommode dans l'execution, par la raison que le joint qui
se met entre la Frise & l'Architrave, quand ces deux parties
se joignent quarrément, se trouve au milieu de la Frise, quand
on y fait ce congé : ce qui produit un mauvais effet.

Pour avoir la hauteur des membres dont la Corniche est CORNICHE
composée, on divise toute la Corniche en dix parties. Les DE L'ENTA-
membres sont au nombre de treize. On donne une des dix par- BLEMENT.
ties à un Talon, qui est le premier membre ; le quart d'une
partie à son Filet qui est le second ; le troisiéme qui est le Denticule a une partie & demie ; le Filet & l'Astragale qui sont au
dessus, & que l'on compte pour le quatriéme & cinquiéme membre, ont chacun le quart d'une partie ; le sixiéme qui est une
Echine ou Ove, a une partie ; le septiéme qui est le Modillon a
deux parties ; le huitiéme qui est le Talon, dont le Modillon est
couronné a une demy partie ; le neuviéme qui est le Larmier a
une partie ; le dixiéme qui est un petit Talon dont le Larmier
est couronné a une demy partie ; le onziéme qui est son Filet
en a un quart ; le douziéme qui est la Doucine ou grande
                                    V

Cʜ. IV. Simaiſe a cinq quarts ; & le treiſiéme qui eſt ſon Filet a une demy partie.

Les Saillies ſont reglées par les cinquiémes du petit Module , dont on en donne une au grand Talon d'embas , à prendre du nû de la Friſe , deux au Denticule , deux & demy à l'Aſtragale qui couronne le Denticule , trois & un quart à l'Ove , trois & demy à l'arriere corps qui ſoûtient le Modillon , neuf au Larmier , dix au petit Talon & à ſon Filet & douze à la grande Simaiſe.

Comme les grandeurs de toutes les parties dont la Corniche Corinthienne eſt compoſée , ſont tellement differentes dans les differens ouvrages , qu'il ne s'en trouve point qui ſoient pareilles , j'ay pris les proportions que j'ay établies ſur les Corniches du Pantheon , qui eſt l'ouvrage Corinthien le plus approuvé : j'en ay auſſi imité le caractere en tout , à la reſerve du petit Talon que j'ay mis entre le Larmier & la grande Simaiſe , ſuivant ce qui ſe voit dans tout le reſte de l'Antique , & où dans le Pantheon il n'y a ſeulement qu'un Filet.

Il y a une grande diverſité dans le caractere auſſi bien que dans les proportions : car il ſe trouve des Corniches qui n'ont point de Larmier comme au Temple de la Paix , au Coliſée & à l'Arc des Lions à Verone , où les Modillons ſont immediatement ſous la grande Simaiſe ; d'autres ont le Larmier d'une grandeur enorme , comme au Frontiſpice de Neron. Il y en a où l'on a mis deux Oves , l'un ſous le Denticule & un autre au deſſus comme au Temple de la Paix. Il y en a où l'Ove eſt ſous le Denticule , le grand Talon eſtant au deſſus comme aux trois Colonnes ; quelques unes comme au Pantheon , au Temple de Fauſtine , & à celuy de la Sibille ont leur Denticule qui n'eſt point taillé. Vitruve dit qu'on ne doit jamais mettre de Denticules avec des Modillons : mais comme le membre dans lequel on taille les Denticules , ſe trouve dans la pluſpart des Corniches Corinthiennes de l'Antique , il ſemble que l'on doive reſtraindre le precepte de Vitruve , à la taille du Denticule qui eſt obmiſe dans les ouvrages les plus approuvez ; & cela me ſemble eſtre fait avec beaucoup de jugement ; tant à cauſe que cette taille eſt un ornement particulier à l'Ordre Ionique , que par la raiſon que les deux membres entre leſquels il eſt , qui ſont l'Ove & le grand Talon eſtant ordinairement taillez , ce grand amas d'ornemens fait une confuſion deſagreable à la vûë. Il y a des Corniches Corinthiennes ſans Modillons , comme aux Temples de la Sibille , & à celuy de Fauſtine , & au Portique de Septimius.

Il y en a où les Modillons font quarrez & à plufieurs faces, CH. IV.
comme au Frontifpice de Neron, qui font les Modillons que
les Modernes ont donné à l'Ordre Compofite ; à d'autres les
Modillons n'ont point de Volute, mais font tous quarrez par
devant, comme au Temple de la Paix ; à quelques-unes au lieu
de la feüille qui couvre la confole du Modillon par deffous, il
y a une autre forte d'ornement ainfi qu'il s'en voit à la Corniche
Corinthienne, qui fert d'impofte à l'Arc de Conftantin, où il
y a des Aigles : le plus fouvent la feüille qui revet la Confole,
eft refenduë en feüilles d'olivier, elle eft pourtant quelquefois
à feüilles d'Acanthe, comme aux trois Colonnes, & aux Thermes de Diocletien. Le plus fouvent encore les Modillons font
pofez fans avoir de rapport aux Colonnes, & rarement il fe
trouve qu'ils foient comme aux trois Colonnes de Campo
Vaccino, & à l'Arc de Conftantin, tellement efpacez qu'il s'en
rencontre un fur le milieu de chaque Colonne. Au Marché de
Nerva où l'Entablement fait faillie fur chaque Colonne, comme
à l'Arc de Conftantin, au lieu de trois Modillons qui font
ordinairement fur chaque Colonne, & dont il y en a un neceffairement au droit de la Colonne, il y en a quatre, de maniere
qu'il ne peut y en avoir au milieu.

La derniere remarque qu'il y a à faire fur les Modillons, eft
fur la direction qu'ils doivent avoir dans les Frontons. La pratique ordinaire de l'Antique, eft de les faire perpendiculaires à
l'horifon, y ayant peu d'exemples où ils foient perpendiculaires
à la ligne du Timpan, ainfi que Serlio les a reprefentez à l'Arc
de Verone : & il eft conftant, que cette pratique fi univerfelle
doit faire une regle, quoique la raifon demandât le contraire ;
fuivant les preceptes de Vitruve, qui veut que l'imitation des
ouvrages de charpenterie, conduife tout ce qui appartient aux
Modillons & aux Denticules des Corniches ; parce qu'elles reprefentent l'extremité des pieces qui compofent la charpenterie
du toit. Car comme les Modillons qui reprefentent ordinairement le bout des Forces, reprefentent le bout des Pannes aux
Pignons où font les Frontons, il eft raifonnable que la fituation du Modillon dans le Fronton, foit telle qu'eft la fituation
de la Panne, qui eftant pofée fur le Fronton avec une direction
perpendiculaire à la ligne du Fronton, devroit faire donner
cette direction au Modillon. Vitruve n'a rien determiné fur ce
fujet, parce qu'il dit que les Grecs ne mettoient point de
Modillons dans les Frontons ; mais qu'ils en faifoient les Corniches toutes fimples, ainfi qu'elles font au Temple de Chifi ; &

 la raifon qu'il en apporte , eft que cela ne pourroit pas s'accorder avec l'imitation des ouvrages de charpenterie ; n'eftant pas raifonnable dit-il de faire la reprefentation du bout des Forces à un endroit où elles ne vont point : fçavoir au Pignon. Mais fuppofé qu'on face des Modillons dans un Fronton , comme ils n'y peuvent reprefenter que le bout des Pannes , ils ne devroient point avoir d'autre pofition & d'autre direction que celle des Pannes. Ces raifons font que quelques-uns des Modernes placent ainfi les Modillons & les denticules dans les Frontons , contre l'ufage commun des Anciens. Feu Monfieur Manfard l'a fait avec beaucoup d'approbation , au Portail de l'Eglife de Sainte Marie de la ruë faint Antoine.

Les teftes de Lion que Vitruve met dans la grande Simaife , ne fe trouvent guere dans les ouvrages Antiques : aux trois Colonnes , au lieu de teftes de Lion , il y a des teftes d'Apollon , avec des rayons qui font placés au milieu d'une rofe compofée de fix feuïlles d'Acanthe.

Dans la Soffite de la Corniche entre les Modillons , il y a des quaiffes quarrées , dans lefquelles il y a des rofes : les quarrez des quaiffes font le plus fouvent oblongs , & rarement parfaitement quarrez , comme au Temple de Jupiter Tonnant , & aux Thermes de Diocletien ; car elles font oblongues au Portique du Pantheon , aux trois Colonnes , à l'Arc de Conftantin. Quelquefois les rofes font fans quaiffes ; comme au Temple de la Paix , & au Colifée. Le plus fouvent les rofes font differentes , & rarement elles font pareilles , comme aux Thermes de Diocletien. La Volute des Modillons s'étend quelquefois au delà du Talon qui la couronne , ainfi qu'il fe voit aux Thermes de Diocletien ; quelquefois elle le laiffe tout entier , comme au Portique du Pantheon ; au Marché de Nerva , à l'Arc de Conftantin ; quelquefois elle s'avance jufqu'à la moitié du Talon , comme au dedans du Pantheon , aux trois Colonnes , au Temple de Jupiter Tonnant. La feuïlle qui couvre le Modillon s'étend quelquefois auffi loin que la Volute , comme aux Thermes de Diocletien ; quelquefois elle laiffe la Volute entiere comme aux trois Colonnes , au Temple de Jupiter Tonnant ; quelquefois elle s'avance jufqu'au milieu de la Volute , comme au Marché de Nerva , au Temple de Jupiter Tonnant , & à l'Arc de Conftantin.

Mais parmi les Modernes , il fe trouve une Corniche d'un caractere tout particulier qui eft celle de Scamozzi , où il n'y a point de Denticule , & où les Modillons font fi petits , & la Saillie du Larmier fi grande , qu'elle paffe au delà du Modillon de plus

de la

de la moitié de la longueur du Modillon , faisant une goutiere CH. IV.
fort large comme au Composite. Il semble que cette Saillie au
delà du Modillon , soit imitée des Thermes de Diocletien , où
elle est pourtant beaucoup moindre. Cette maniere de Modillons à cette commodité , qu'estant petits & plus serrez les uns
contre les autres qu'ils ne sont ordinairement , on peut approcher les Colonnes jusqu'à les faire toucher par les extremitez des
Tailloirs des Chapiteaux , sans que les Modillons manquent à
se rencontrer sur le milieu des Colonnes ; ce qui ne se peut pas
faire dans les manieres ordinaires , où il faut laisser necessairement un intervale considerable entre les extremitez du Tailloir
des Chapiteaux : car cet intervalle est environ de quarante-cinq
minutes dans Vignole, de seize dans Palladio , & de douze dans
nôtre maniere. Et je croy que la meilleure est celle où les Colonnes se peuvent approcher de plus prés à cause du besoin que
l'on a de celà , quand les Colonnes sont accouplées dans les
Portiques, où elles ne sauroient estre trop serrées. Mais comme
le caractere de cette Corniche s'éloigne trop de l'Ordinaire , ne
pouvant avoir de Denticule , qui est une partie que l'usage a
rendu comme essentielle à la Corniche Corinthienne, je ne croi-
rois pas qu'on la pût employer sans prendre trop de licence.

EXPLICATION DE LA CINQUIE'ME
PLANCHE.

A. **B**Aſe inventée par les Anciens Architectes poſterieurs à Vitruve pour l'Ordre Corinthien & pour le Compoſite , dans les membres de laquelle les hauteurs ſont determinées par la diviſion de quatre en quatre , & les Saillies par la diviſion du petit Module en cinq.

B. Chapiteau Corinthien different de celuy de Vitruve , tant par ſa proportion qui luy fait avoir plus de hauteur , que par ſon caractere , ayant des feüilles d'olivier au lieu des feüilles d'Acanthe que Vitruve luy donne.

C. Plan du Chapiteau.

D. Volute ou Vrille du Chapiteau qui ſe recourbe en S. vers le centre.

E. Feüille de Laurier , telle qu'elle eſt au Chapiteau du Temple de Veſta à Rome.

F. Fleuron du Tailloir du Chapiteau du même Temple de Veſta.

G. Roſe du Tailloir du Chapiteau des trois Colonnes de Campo Vaccino.

H. Fleuron du Tailloir du Chapiteau de la Baſilique d'Antonin.

I. K. L. Entablement où il faut remarquer le rapport que les Modillons qui ſont au droit de la Colonne , ont avec les Saillies de la Baſe , & avec le nû , tant du haut que du bas de la Colonne.

CHAPITRE V.

De l'Ordre Composite.

L'Ordre appellé vulgairement Composite est nommé par quelques-uns Italique, parce que les Romains en sont les inventeurs, & que le nom de Composite ou Composé ne signifie rien qui luy soit particulier ; le Corinthien même selon Vitruve estant Composé du Dorique & de l'Ionique : & l'on peut même dire que l'Ordre Corinthien, tel qu'il est dans l'Antique, est aussi different du Corinthien de Vitruve que le Composite l'est du Corinthien Antique, qui a dans la Corniche de son Entablement des Modillons & des Oves ; dans son Architrave des Astragales; dans son Chapiteau des feuïlles taillées en olivier, & deux Tores dans sa Base, qui sont toutes parties fort considerables, qui ne se trouvent point dans le Corinthien décrit par Vitruve, qui est celuy qui a premierement esté inventé par Callimachus, & qui devroit passer pour le veritable Corinthien.

Serlio est le premier qui a adjousté aux quatre Ordres décrits par Vitruve, un cinquiéme qu'il forme de ce qui nous reste de cet Ordre, dans le Temple de Bacchus, dans les Arcs de Titus, de Septimius, & des Orfévres, & dans les Thermes de Diocletien ; mais il n'a pris dans l'Antique que le Chapiteau : Palladio & Scamozzi, luy ont donné un Entablement particulier, qu'ils ont pris au Frontispice de Neron, apparamment parce que cet édifice qui passe pour estre d'Ordre Corinthien à cause de son Chapiteau, ayant un caractere particulier dans son Entablement, qui ne se trouve point dans les autres ouvrages Corinthiens, ces Auteurs ont jugé que cette partie qui est fort considerable jointe avec le Chapiteau, distingueroit assez bien cet Ordre de tous les autres. Mais la verité est que cet Entablement est un peu massif pour un Ordre qui doit estre plus delicat que le Corinthien, si ce n'est que l'on dise que cette grossiereté a rapport à celle du Chapiteau, qui est effectivement moins delicat que le Corinthien: c'est pourquoy ce n'est pas sans raison, que Scamozzi place le Composite sous le Corinthien, ainsi qu'il est à l'Arc des Lions de Verone. Cette Corniche Composite est fort propre, pour servir aux Entablemens des Edifices, qui n'ont ny Colonnes ny Pillastres, ainsi qu'il y en avoit une autrefois au dehors du Louvre.

CH. V.   Les Architectes Modernes ont donné à cet Ordre ses proportions, ce que Vitruve n'a point fait, en ayant seulement de-
signé le caractere, quand il a dit que son Chapiteau est composé de plusieurs parties prises dans le Dorique, dans l'Ionique &
dans le Corinthien : & comme il ne change rien aux proportions, ny du Chapiteau ny du reste de la Colonne, il ne veut
point que ce Composé fasse un Ordre different des autres. Mais
Serlio & la pluspart des Modernes donnent une autre proportion
à la Colonne Composite, & la font plus haute que la Corinthienne.

Il a esté dit, que suivant l'augmentation des grandeurs qui
sont données aux Ordres, à proportion qu'ils deviennent plus
delicats, l'Ordre Composite entier a quarante-six petits Modules, dont le Piedestail en a dix, la Colonne avec sa Base & son
Chapiteau trente, & l'Entablement six.

BASE DU
PIEDESTAIL.

La Base du Piedestail avec le Socle, fait de même que dans
tous les autres Ordres, le quart du Piedestail entier, & sans le
Socle le tiers de la Base entiere. Cette Base sans le Socle est
composée de six membres, de même que la Corinthienne en à
cinq : Ces membres sont un Tore, un petit Astragale, une
Doucine avec son Filet, un gros Astragale & un Filet, faisant
un congé avec le nû du Dé. Pour avoir les hauteurs de ces membres, on divise cette partie de la Base sans le Socle en dix parties, dont on donne trois au Tore, une au petit Astragale, une
demie au filet de la Doucine, trois & demie à la Doucine, une
& demie au gros Astragale & une demie au Filet qui fait le
Congé. Les Saillies estant prises à l'ordinaire de la cinquiéme
partie du petit Module, on en donne une au gros Astragale,
deux & deux tiers au Filet de la Doucine, la Saillie du Tore
estant égale à celle de toute la Base laquelle est pareille à sa
hauteur.

Les propotions & le caractere de cette Base sont differens
dans l'Antique, de même que dans les Autheurs Modernes. A
l'Arc de Titus elle est composée de dix membres, entre lesquels
il y a une Scotie ; à l'Arc de Septimius elle n'en a que quatre ;
à celuy des Orfévres elle en a cinq. Scamozzi a donné à son
Ordre Corinthien la Base qui est au Composite de l'Arc de
Titus : celle que j'ay donnée à l'Ordre Composite, & qui a six
membres, est moyenne entre celle de l'Arc de Titus, & celle
de l'Arc de Septimius, dont l'une est chargée de trop d'ornemens, & l'autre est trop simple pour un Ordre composé de tous
les autres.

La

La Corniche du Piedeſtail laquelle eſt à l'ordinaire la huitiéme partie de tout le Piedeſtail , eſt compoſée de ſept membres, qui ſont un Filet avec ſon Congé ſur le Dé , un gros Aſtragale , une Doucine avec ſon Filet , un Larmier & un Talon avec ſon Filet. Toute la hauteur de cette Corniche eſtant partagée en douze , on donne une demy partie au Filet, une & demie à l'Aſtragale , trois & demie à la Doucine , une demie à ſon Filet , trois au Larmier , deux au Talon , & une à ſon Filet. Le Filet d'embas avec l'Aſtragale qui eſt au deſſus ont de Saillie une cinquiéme du petit Module , la Doucine avec ſon Filet en a trois , la Saillie du Larmier en a trois & un tiers , le Talon avec ſon Filet en a quatre & demy.

Toſcan.   Dorique.   Ionique.   Corinthien.   Compoſite.

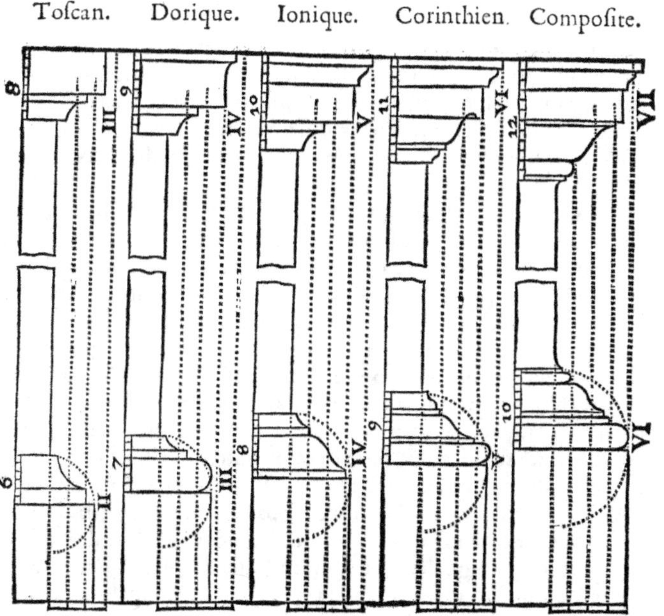

Il en eſt de meſme du caractere & de la proportion des parties de cette Corniche que de la Baſe , le nombre des membres qui la compoſent, eſt exceſſif au Compoſite de l'Arc de Titus , & elle eſt trop petite à celuy de Septimius.

La Baſe de la Colonne eſt pareille à celle de l'Ordre Corinthien:

Cн. V.

Fust de la
Colonne.

Chapiteau.

c'eſt ainſi qu'elle eſt à l'Arc de Titus ; quelquefois on y met la Baſe Attique, ainſi qu'il ſe voit au Temple de Bacchus, à l'Arc de Septimius, à celuy de Verone, & aux Thermes de Diocletien. Vignole fait une Baſe particuliere à ſon Compoſite, qu'il a priſe d'une Baſe qui eſtoit autrefois à un Ordre Corinthien des Thermes de Diocletien, & qui n'eſt differente de la Baſe Corinthienne qu'en ce qu'elle n'a entre les deux Scoties qu'un Aſtragale, & que l'autre Aſtragale, que l'on a oſté de cet endroit, eſt mis entre le grand Thore & la premiere Scotie. Mais outre que cette Baſe n'eſt point en uſage, l'Aſtragale qu'elle a ſeul entre deux Filets eſtant un membre foible & mal ſoutenu par des Scoties, rendent cet endroit de la Baſe trop mince & trop aigu. Il ſemble que le caractere de cette Baſe ſoit pris ſur celuy des Baſes du Temple de la Concorde, leſquelles au lieu des deux Aſtragales & des deux Filets qui ſont entre les Scoties n'ont qu'un ſeul Filet ; ce qui eſt encore moins ſupportable que l'Aſtragale unique de la Baſe de Vignole, qui du moins eſt accompagné & ſouſtenu de deux Filets.

Le Fuſt de la Colonne n'eſt different de celuy de la Corinthienne que par ſa hauteur qui eſt augmentée de deux petits Modules.

Le Chapiteau fait le principal caractere de cet Ordre, la Baſe eſtant ſouvent pareille à celle de la Colonne Corinthienne, ainſi qu'il a eſté dit, & l'Entablement eſtant quelquefois auſſi le même dans ces deux Ordres, ainſi qu'il ſe voit à l'Arc de Titus, où l'Entablement eſt tout-à-fait Corinthien. La hauteur de tout le Chapiteau de même qu'à l'Ordre Corinthien, eſt priſe du diametre du bas de la Colonne auquel on adjouſte une ſixiéme partie. On donne quatre de ces ſixiémes aux feuïlles, & cet eſpace eſtant partagé en ſix, on donne une de ces ſixiémes à la courbure des feuïlles. L'eſpace des trois autres ſixiémes qui reſtent au deſſus des feuïlles qui eſt pour les Volutes pour l'Ove, pour l'Aſtragale, & pour le Tailloir, eſt partagé en huit parties ; on en donne ſix & demy à la Volute qui poſe ſur le haut des feuïlles du ſecond rang, deux au Tailloir, une à l'eſpace qui eſt entre le Tailloir & l'Ove, deux à l'Ove, une à l'Aſtragale avec ſon Filet. Le Fleuron qui eſt au milieu du Tailloir ſur l'Ove, s'éleve juſqu'au haut du Tailloir : il eſt plus large que haut de la moitié d'une des huitiémes. Les Saillies ſe prennent des cinquiémes du petit Module, de même qu'à l'Ordre Corinthien ; & le plan du Chapiteau, ſe fait auſſi de la même maniere, les feuïlles ſont taillées en feuïlles d'Acanthe. Le Fleuron du milieu du Tailloir eſt compoſé de pluſieurs feuïlles, dont les unes ſe joignent au

milieu, les autres fe detournent à cofté. Sous les coins de l'Abaque, il y a des feuïlles qui fe recourbent en enhaut, comme au
Chapiteau Corinthien, & d'autres encore qui font couchées fur
le cofté de chaque Volute. Au lieu des Caulicoles qui font au
Chapiteau Corinthien, il y a de petits Fleurons colés au Vafe ou
Tambour, contournez vers le milieu de la face du Chapiteau
& finiffant en une Rofe.

Dans les ouvrages de l'Antique & dans ceux des Modernes,
on trouve de la diverfité pour ce qui eft des proportions des
membres de ce Chapiteau, & mefme de toute fa hauteur, qui
dans quelques édifices a plus que les foixante & dix minutes que
je luy donne, comme il fe voit à l'Arc de Titus où il en a foixante & quatorze & un quart, & au Temple de Bacchus où il
en a foixante & feize : dans quelques autres il en a moins, comme à l'Arc de Septimius où il n'a que foixante & huit minutes
& demie, & à l'Arc des Orfévres foixante & huit trois quarts, &
dans Serlio où il n'en a que foixante. Le Tailloir à qui je donne fept minutes & demie, en a huit & demy tiers à l'Arc des
Orfévres, neuf à l'Arc de Septimius & aux Thermes de Diocletien,
dix à l'Arc de Titus & treize au Temple de Bacchus. La Volute
que je fais de vingt-cinq minutes, comme elle eft au Temple de
Bacchus, en a jufqu'à vingt-huit à l'Arc de Titus, & feulement
vingt-deux aux Thermes de Diocletien.

Les differences du caractere font en ce que les Volutes qui
defcendent ordinairement jufques fur les feüilles, en font quelquefois feparées comme aux Thermes de Diocletien, & à l'Arc
de Septimius ; que les feüilles qui dans les ouvrages de l'Antique
& des Modernes font inégales en hauteur eftant plus grandes au
rang d'embas, font égales dans quelques unes des Modernes ;
que les Volutes fortent le plus fouvent du Vafe dans les Modernes,
ainfi qu'elles font à l'Arc de Titus, & qu'elles paffent auffi quelquefois le long du Tailloir fur l'Ove fans entrer dans le Vafe,
ainfi qu'il fe voit à l'Arc des Orfévres, à celuy de Septimius,
au Temple de Bacchus & aux Thermes de Diocletien : Que les
Volutes dont l'épaiffeur eft étrecie par le milieu & élargie par
embas & par en haut au Temple de Bacchus, à l'Arc de Titus,
à celuy de Septimius, & aux Thermes de Diocletien, ont leurs
coftez parallelles, dans Palladio, dans Vignole, & dans Scamozzi,
& que les mêmes Volutes lefquelles tant dans l'Antique que dans
les Auteurs Modernes qui ont écrit, font comme folides ; au
lieu qu'elles fe font à prefent par nos Sculpteurs d'une maniere
plus degagée en ce que les replis de l'écorce tortillée qui les com-

 posent, ne se touchent pas, mais paroissent laisser du jour ; ce qui est fait à mon avis avec beaucoup de jugement : car sans cela cette Volute a quelque chose de trop massif, & qui ne convient pas bien à un Ordre qui en general est le plus leger de tous.

L'Entablement comme à tous les autres Ordres hormis le Dorique se divise en vingt parties, dont on en donne six à l'Architrave, autant à la Frise, & huit à la Corniche. Ces proportions sont differentes dans les Auteurs : car la Frise est plus petite que l'Architrave au Temple de Bacchus, à l'Arc de Septimius, & à celuy des Orfévres, dans Palladio, dans Scamozzi, dans Serlio, & dans Viola : mais ces deux parties sont égales dans l'Arc de Titus, & dans Vignole.

L'Architrave Composite est plus different du Corinthien que le Corinthien ne l'est de l'Ionique, n'ayant que deux faces, entre lesquelles il y a un petit Talon, & au lieu de la Simaise ou grand Talon qui est enhaut avec son Astragale, il y a un Ove qui est sur un Astragale & sous un Cavet. Pour avoir les hauteurs de ces membres, on divise tout l'Architrave en dix-huit parties, de mesme qu'en l'Ordre Corinthien, dont on en donne cinq à la premiere Face, une au petit Talon qui est au dessus, sept à la seconde Face, une demie au petit Astragale qui est au dessus, une partie & demie à l'Ove qu'il soutient, & trois au Cavet dont le Filet en a une & un quart. La Saillie est de deux cinquiémes du petit Module comme à l'Architrave Corinthien.

Les proportions & le caractere de cet Architrave sont assez conformes à ce qui se trouve dans l'Architrave du Frontispice de Neron & du Temple de Faustine, d'où Palladio & Vignole ont pris le modele pour l'Architrave de leur Ordre Composite, quoique dans ces édifices le Chapiteau soit Corinthien. Mais la verité est que dans tout ce qui se voit de l'Antique d'Ordre Composite, l'Architrave est fort different de celuy-cy : car au Temple de Bacchus les trois Faces sont toutes simples sans estre separées par des Astragales ; à l'Arc de Septimius il n'y a que deux Faces, mais la Simaise d'enhaut est un Talon avec un Astragale, comme à l'Ordre Corinthien, & à l'Arc de Titus il est en tout semblable au Corinthien.

 La Frise n'a rien de particulier, si ce n'est qu'au Temple de Bacchus elle est ronde, ce que Paladio a imité ; & qu'à l'Arc de Septimius elle est jointe avec l'Architrave par un grand Congé. La Frise du Frontispice de Neron que j'ay imitée a ainsi un Congé, mais c'est par enhaut, le Congé que j'y ay mis, est beaucoup

coup plus petit, n'eſtant fait que pour joindre le nû de la Friſe au CH. V.
premier membre de la Corniche qui eſt un Filet qui demande
ordinairement un Congé par le moyen duquel il ſoit joint aux
Moulures ou autres membres ſur leſquels il eſt poſé : & il y a
apparence que celuy de la Friſe du Frontiſpice de Neron a eſté
fait grand comme il eſt, à cauſe que cette Friſe eſt taillée de
ſculpture, qui ayant une épaiſſeur conſiderable, ce Congé em-
peſche que la Saillie de la Sculpture ne produiſe le mauvais effet
qu'elle fait dans les Friſes qui n'ont point de Congé, où elle
égale la Saillie des premiers membres de la Corniche ; quoy qu'à
la verité, il ſe trouve plus de Friſes taillées de ſculpture ſans
Congé, telles que ſont celles des Temples de Fauſtine, & de
Jupiter Tonnant, du Marché de Nerva, de l'Arc de Titus, de
celuy des Orfévres ; qu'il n'y en a qui ayent ces Congés, tels
que ſont le Temple de la Fortune Virile, & celuy de la Sibille
de Tivoli, avec le Frontiſpice de Neron.

La Corniche ſe diviſe comme la Corinthienne en dix parties, CORNICHE
DE L'ENTA-
BLEMENT.
elle a auſſi treize membres ; mais elle paroiſt plus peſante, par ce
que le Larmier eſt beaucoup plus maſſif, & les Modillons auſſi,
qui ne ſont point taillez en Conſole, ny recouverts de feüilles,
mais quarrez. Le premier membre de cette Corniche qui eſt un
Filet, a le quart d'une des dix parties ; le ſecond qui eſt un
Aſtragale, en a autant ; le troiſiéme eſt un Talon, qui a une
partie ; le quatriéme qui eſt la premiere face du Modillon a une
partie ; le cinquiéme qui eſt un petit Talon a une demy partie ;
le ſixiéme qui eſt la ſeconde face du Modillon, a cinq quarts
de partie ; le ſeptiéme qui eſt un Filet a un quart de partie ; le
huitiéme qui eſt un Ove à la moitié d'une partie ; le neuviéme,
qui eſt le Larmier a deux parties, il a une goutiere en deſſous,
dont l'enfoncement eſt d'un tiers de partie ; le dixiéme qui eſt
un Talon a deux tiers de partie ; le onziéme qui eſt un Filet a
un tiers de partie ; le douziéme qui eſt une grande Doucine, a
une partie & demie ; le treiziéme qui eſt un Filet a une demy
partie.

Les Saillies ſont reglées à l'ordinaire par les cinquiémes du
petit Module : car on donne un tiers de ces parties au premier
membre qui eſt un petit Filet, & un autre tiers au petit Aſtragale qui eſt au deſſus ; on donne une partie & un tiers au grand
Talon qui eſt enſuite, quatre parties & deux tiers à la premiere
face du Modillon, cinq parties à la ſeconde, cinq parties &
deux tiers à l'Ove qui eſt au haut du Modillon, huit parties &
demie au Larmier, neuf parties & demie au Talon du Larmier,
& douze à la grande Simaiſe.   Z

Quoique le caractere de cette Corniche de mesme que les proportions de ses Moulures soient du mesme Entablement du Frontispice de Neron, d'où l'Architrave a déja esté pris, j'ay suivi à peu prés ce que Palladio & Scamozzi en ont copié, en sorte que suivant toûjours la mediocrité que j'ay prise pour ma regle, je me suis tenu entre les deux excez : par exemple le Larmier qui est extraordinairement grand au Frontispice de Neron, ayant le quart de toute la Corniche, & qui n'en a que la sixiéme partie dans Palladio, & mesme que la septiéme dans Scamozzi, en a icy la cinquiéme : le Modillon qui au Frontispice de Neron, & dans Scamozzi, n'a que le quart de la Corniche, en a le tiers dans Palladio ; je l'ay suivi en cela de mesme que presque dans tout le reste, qui est plus conforme au Frontispice de Neron que ce que Scamozzi nous a donné, qui a pris de l'Ordre Corinthien toutes les Moulures qui sont au dessous des Modillons : sçavoir, une Echine ou Ove, un Denticule & grand Talon. Le reste des Modernes n'ont suivi ny l'Antique, qui aux Arcs de Titus, & de Septimius, donnent à l'Ordre Composite une Corniche Corinthienne, ny le modele du Frontispice de Neron : car Vignole luy donne une Corniche fort simple, & qui approche de celle de l'Ordre Ionique. Serlio & Bullant l'ont fait encore plus grossiere qu'à l'Ordre Toscan. Pour enrichir cette Corniche laquelle ne convient pas trop bien à un Ordre aussi delicat qu'est le Composite, où le Chapiteau est tres orné, on ne manque gueres à tailler de sculpture, les membres qui en sont capables, tels que sont l'Astragale & le Talon qui sont au dessous des Modillons, les Talons & l'Ove des Modillons, & le Talon qui est sous la grande Simaise, laquelle apparemment par cette raison est enrichie d'une tres belle sculpture au Frontispice de Neron ; quoique la sculpture, ne soit pas essentielle à cette partie, ainsi qu'elle l'est en quelque façon aux autres membres de cette Corniche.

EXPLICATION DE LA SIXIE'ME PLANCHE.

A. **B**Ase qui se voit à l'Ordre Composite de l'Arc de Titus , qui est la même que les Anciens ont donnée à l'Ordre Corinthien.

B. *Base du Temple de la Concorde , à l'imitation de laquelle la Base Composite de Vignole a esté faite.*

C. *Base qui estoit autrefois aux Thermes de Diocletien , faite sur celle du Temple de la Concorde , & donnée par Vignole à l'Ordre Composite.*

K. *Chapiteau suivant les proportions & le caractere que nos Sculpteurs luy donnent depuis peu ; où les choses les plus remarquables sont l'égalité de la hauteur des feüilles d'Acanthe , & la legereté des Volutes qui sont vuidées avec beaucoup de grace , les circonvolutions de l'Arc qui les composent , estant separées les unes des autres , & la Volute n'estant pas massive & solide , comme elle est dans tous les ouvrages de l'Antique & des Modernes.*

D. *Architrave pris au Frontispice de Neron & au Temple de Faustine.*

E. *Frise ayant par enhaut un Congé , ainsi qu'elle est au Frontispice de Neron , où le Congé est beaucoup plus grand , peut-estre à cause qu'il y a des ornemens taillés dans la Frise.*

F. *Corniche prise aussi du Frontispice de Neron.*

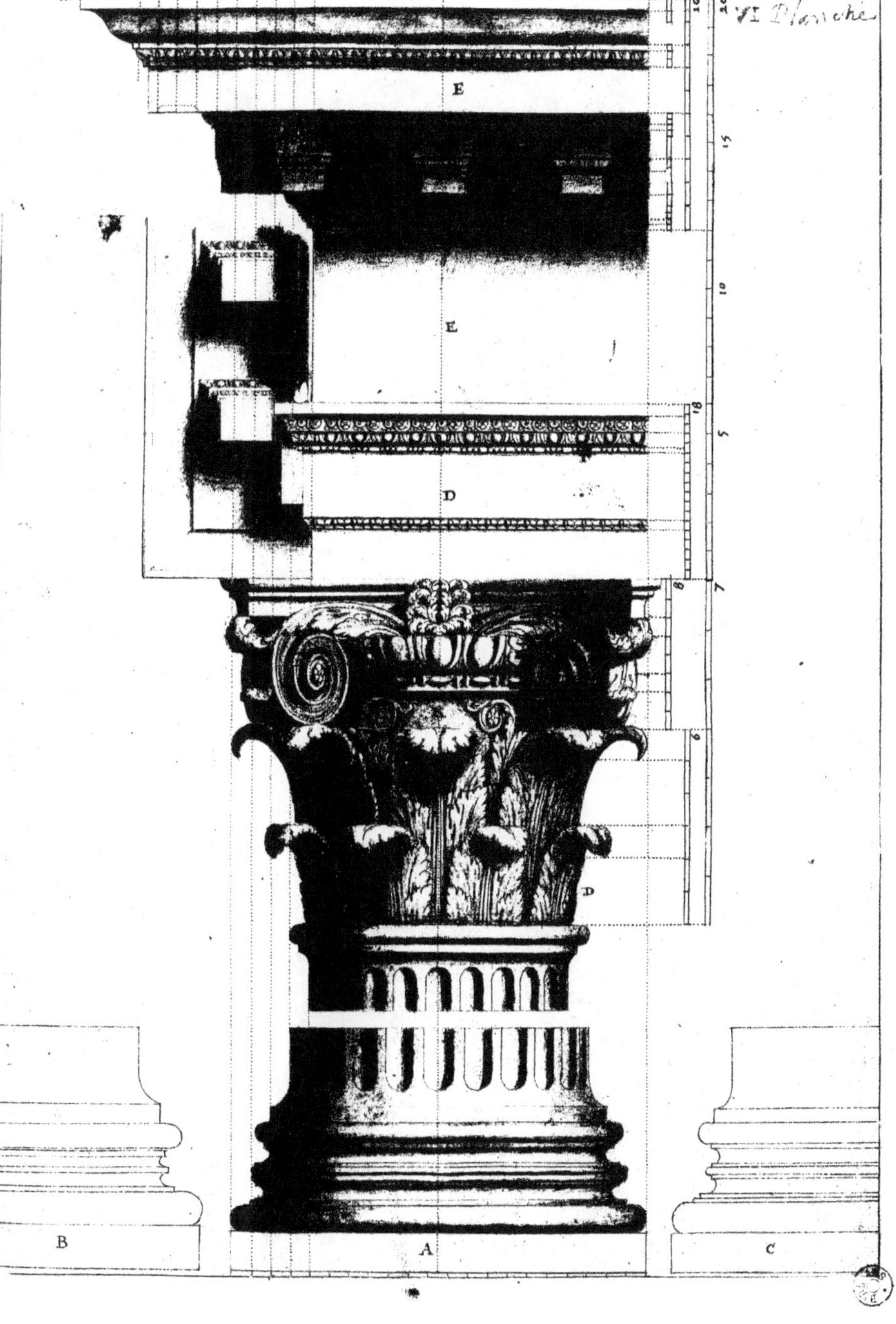
VI Planche
12
20
15
10
5
18
7
8
6
E
E
D
D
B
A
C

CHAPITRE VI.

Des Pillaftres.

APrés avoir parlé des Colonnes , il refte à traiter ce qui appartient aux Pillaftres , qui font des Colonnes quarrées. Ces Colonnes quarrées font de plufieurs efpeces, dont les differences fe prennent de la maniere dont elles font appliquées aux murs ; ce qui fait aulli les differences dans les autres Colonnes : car de mefme qu'il y en a qui font Ifolées, & tout à fait détachées du mur, d'autres qui font attachées au coin, & ont deux faces dégagées, & d'autres qui eftant à demy enfoncées dans le mur, ou feulement du tiers, n'ont que la face de devant entierement degagée ; il y a aulli des Pillaftres Ifolez, il y en a d'autres qui ont trois faces hors du mur , d'autres qui en ont deux, & d'autres qui n'en ont qu'une entierement dégagée.

Les Pillaftres quarrez & Ifolez font rares dans l'Antique , on en voit un exemple au Temple de Trevi, que Palladio a delliné. On les met aux extremitez des Portiques , pour donner plus de fermeté aux encognures. Ceux qui ont trois faces hors du mur , & ceux qui n'en ont que deux , eftoient nommez Antes par les Anciens. Vitruve appelle ceux qui n'ont que deux faces hors du mur Antes Angulaires , ou Antes des murs qui enferment le Temple , pour les diftinguer des autres qui ont trois faces degagées , & qui fe mettoient au bout des murs du Porche. Les Pillaftres qui n'ont qu'une face hors du mur , font encore de deux efpeces ; car il y en a qui fortent hors le mur de toute leur moitié, & d'autres qui ne fortent que d'une fixiéme ou feptiéme partie : ces derniers qui eftoient rares parmy les Anciens , font maintenant les plus ordinaires dans noftre Architecture.

Il y a quatre chofes principales à regler dans les Pillaftres , fçavoir , leur Saillie fur le mur ; leur diminution ; la maniere que l'Entablement doit pofer deffus , lors qu'en mefme temps il pofe fur une Colonne ; leurs Cannelures & leurs Chapiteaux.

La Saillie des Pillaftres qui n'ont qu'une face hors du mur, doit eftre de toute la moitié , ou ne fortir tout au plus que de la fixiéme partie , comme il eft au Frontifpice de Neron , lors qu'il n'y a rien qui oblige de luy donner davantage de Saillie. Au Portique du Pantheon , les Pillaftres qui font au dehors , n'ont de Saillie que la dixiéme partie , & ils n'ont mefme

Сн. VI. quelquefois que la quatorziéme , comme il se voit au Marché de Nerva. Mais quand les Pillastres doivent recevoir des Impostes , qui se viennent profiler contre leur costé , il leur faut donner de Saillie le quart du diametre ; & cette proportion est encore commode , en ce qu'elle n'oblige point à tronquer irregulierement les Chapiteaux Corinthiens & Composites : car il se rencontre , que la feüille d'embas est coupée justement par la moitié , & qu'à l'Ordre Corinthien la Tigette est aussi coupée par la moitié. Par cette mesme raison de la symmeterie des Chapiteaux , lorsque les demy Pillastres sont à des Angles rentrans , il leur faut donner plus que la moitié de leur diametre , ainsi qu'il sera dit dans le chapitre qui suit.

On ne diminuë point ordinairement les Pillastres , lors qu'ils n'ont qu'une face hors du mur , ceux du dehors du Portique du Pantheon sont ainsi sans diminution : mais quand ces Pillastres estant sur une mesme ligne que des Colonnes , on veut faire passer l'Entablement sur les uns & sur les autres , sans faire un ressaut , ainsi qu'il y en a au costé du dehors du Portique du Pantheon , il faut alors donner au Pillastre la mesme diminution qu'à la Colonne ; cela s'entend à sa face de devant , le laissant par les costez sans diminution , ainsi qu'il se voit pratiqué au Temple d'Antonin & de Faustine. Mais quand le Pillastre a deux faces hors du mur , estant à une encognure , & qu'il a une de ces faces qui regarde une Colonne ; cette face est diminuée de mesme que la Colonne , ainsi qu'il se voit au Portique de Septimius , où la face qui ne regarde point la Colonne , n'est point diminuée : il y a pourtant des exemples dans l'Antique , où les Pillastres n'ont point de diminution , comme au dedans du Pantheon , ou n'en ont que fort peu , & moins que la Colonne , comme au Temple de Mars le Vengeur , & à l'Arc de Constantin. Dans ces cas , la pratique des Anciens est quelquefois de mettre l'Architrave sur le nû des Colonnes , ce qui le fait retirer au dedans du nû du Pillastre , comme il se voit au Temple de Mars le Vengeur , au dedans du Pantheon , & au Portique de Septimius ; quelquefois de partager la chose par la moitié , & de faire saillir & porter à faux l'Architrave par delà le nû de la Colonne d'une moitié , & de le retirer de l'autre moitié sur le nû du Pillastre , ainsi qu'il est au Marché de Nerva.

Pour ce qui est des Cannelures , il y a quelquefois des Pillastres qui en ont , quoique les Colonnes qu'ils accompagnent , n'en ayent point , comme au Portique du Pantheon ; mais en cet édifice les Colonnes n'estant pas de marbre blanc , sont sans

Cannelures, parce qu’aux marbres qui font de plufieurs couleurs, on ne fait point ordinairement de Cannelures. Il y a auffi quelquefois des Colonnes cannelées, qui font accompagnées de Pillaftres non cannelez comme au Temple de Mars le Vengeur, & au Portique de Septimius. Au retour des Pillaftres, quand ils faillent moins que de la moitié du diametre, on ne fait point de Cannelures. Le nombre des Cannelures eft different dans l’Antique : il n’y en a que fept au Portique du Pantheon, à l’Arc de Septimius, & à celuy de Conftantin, on en a fait neuf au dedans du Pantheon, quoique les Colonnes n’en ayent que vingt - quatre à l’ordinaire. Les Cannelures font toûjours de nombre impair dans les Pillaftres, fi ce n’eft qu’aux demy Pillaftres qui font un Angle rentrant, il faut quatre Cannelures au lieu de trois & demy, & cinq au lieu de quatre & demy, quand les Pillaftres entiers en ont fept ou neuf. Cela fe doit faire ainfi pour éviter le mauvais effet du Chapiteau, qui eftant replié dans l’Angle feroit trop retrecy par enhaut ; & dans les Chapiteaux, où il y a des feüilles, cet étreciffement produiroit une confufion que l’on évite par cet élargiffement.

Les proportions des Chapiteaux font les mêmes que celles des Colonnes, pour ce qui eft des hauteurs ; mais les largeurs font differentes, parce que les Pillaftres ayant beaucoup plus de tour que les Colonnes, il n’y a neanmoins que le même nombre de feüilles, qui eft huit pour faire le tour, quoy qu’il y ait quelques exemples de Pillaftres ayant douze feüilles, ainfi qu’il fe voit au Frontifpice de Neron, & aux Thermes de Diocletien. La difpofition des feüilles des Pillaftres ordinaires, eft telle qu’il y en a au rang d’embas où font les petites, deux à chaque rang, & au rang d’enhaut une au milieu, & deux demie aux coftez, qui font la moitié des grandes feüilles pliées fur l’Angle. Ce qu’il y a encore à remarquer, eft qu’ordinairement le haut du Tambour n’eft pas droit comme le bas, mais qu’il eft un peu bombé & élevé par le milieu : il l’eft de la huitiéme partie du diametre du bas de la Colonne à la Bafilique d’Antonin, mais il ne l’eft que de la dixiéme au Portique de Septimius, & de la douziéme au Portique du Pantheon.

Il y a encore plufieurs chofes appartenantes aux Pillaftres dans les deux Chapitres qui fuivent.

CHAPITRE VII.

De l'abus du changement des Proportions.

IL y a des chofes tellement établies dans l'opinion de tout le monde, qu'il femble que ce foit fe rendre ridicule que de les vouloir feulement examiner , quoy qu'elles fe trouvent n'eftre pas fans difficulté quand on les regarde de prés. Le changement des Proportions dans l'Architecture , & dans la Sculpture , que l'on tient devoir eftre fait felon les differens afpects , eft du nombre de ces chofes-là. Les Architectes en parlent comme de ce qui leur fait le plus d'honneur , & pretendent que c'eft dans la pratique des regles qu'ils ont pour cela, que confifte l'excellence de leur Art. Quelques-uns neanmoins tiennent que ce changement n'eft pas ce que l'on penfe , que ces regles ne fe trouvent point pratiquées, que même le contraire fe voit dans les ouvrages les plus approuvez, & que les raifons fur lefquelles on les appuye , ne font reçûës d'un commun confentement , comme elles le font depuis fi long temps , que parce qu'on les a reçûës fans les examiner.

Cet examen eft ce que j'ay intention de faire dans ce Chapitre , afin de finir ce traité par un paradoxe, comme je l'ay commencé par un autre , qui appartient auffi au changement des Proportions. Car j'ay tafché de faire voir dans la Preface , que la plufpart des Proportions de l'Architecture eftant arbitraires , & n'eftant point du nombre de ces chofes qui ont une beauté pofitive & naturelle, il n'y a rien qui doive empefcher qu'on ne faffe quelque changement aux Proportions établies , & qu'on n'en puiffe inventer d'autres qui paroiffent auffi belles. Et je pretens icy que ces proportions ayant efté une fois reglées, elles ne doivent plus eftre changées & renduës differentes dans des Edifices differens , par des raifons d'Optique, & de la difference des afpects qu'ils peuvent avoir. Mais je prevoy beaucoup plus de contradiction dans le fecond Paradoxe que je n'en ay trouvé dans le premier , où je n'avois à combatre que l'opinion des Architectes, qui fe conduifant par l'idée qu'ils ont du beau , ne confiderent point cette idée comme une chofe qu'ils fe font formée eux mefmes par l'étude, & par la vûë des baftimens approuvez ; mais qui la prennent pour un principe naturel. Car le refte du monde qui eft exempt de la prevention des regles & de l'accoûtumance , & qui par cette

raifon

raiſon ne ſent point ſi un Aſtragale ou un Tore a trop ou trop peu CH. VII.
de hauteur ou de Saillie, conclud aiſément avec moy, que ſi les
proportions de l'Architecture avoient des beautez naturelles, on
les connoiſtroit naturellement, & ſans avoir beſoin d'eſtre inſtruit,
par l'uſage & par l'étude. Mais pour ce qui regarde le ſecond
Paradoxe, je ſuis aſſuré qu'il n'y a perſonne qui ne trouve que
le changement des proportions eſt une choſe fort raiſonnable,
& qui n'en ſoit perſuadé par la celebre Hiſtoire des deux Statuës
de Minerve, faites pour eſtre poſées en un lieu fort élevé, dont
on pretend que l'une reüſſit mal, par ce que le Sculpteur n'en
avoit pas changé les proportions : & je ne doute point que ceux
qui entendront les raiſonnemens qui ſe font là-deſſus, ne donnent dans ce qu'ils ont de ſpecieux, & n'ayent beaucoup de
peine à quitter une opinion, que l'on croit fondée ſur des raiſons auſſi belles que ſont celles que l'on tire de l'Optique, &
de la tromperie de nos ſens, à laquelle l'on trouve qu'il eſt fort
raiſonnable que l'Art remedie.

Car ſur ce que les images des choſes peintes dans l'œil ſont
plus petites & moins diſtinguées, lorſque les objets ſont éloignez,
que quand ils ſont proches, & que les vûës droites font paroiſtre
les objets autrement que les obliques, on s'eſt imaginé qu'il
falloit ſuppléer à cela, comme eſtant un défaut auquel l'Art doit
remedier : c'eſt pourquoy l'on a dit que les Colonnes, leſquelles
ſont d'ordinaire actuellement retrecies par enhaut, doivent avoir
une moindre diminution, quand elles ſont fort grandes que
quand elles ſont petites ; parce que leur longueur les fait déja
paroiſtre retrecies par l'extremité d'enhaut, ainſi qu'une gallerie
le paroiſt par le bout qui eſt éloigné. On veut encore que les
Entablemens poſez ſur ces grandes Colonnes ſoient tenus plus
grands, parce que la hauteur les fait paroiſtre petits ; que les
faces des membres, leſquelles ſont ordinairement à plomb en
des ſituations mediocres, ſoient inclinées en devant quand ces
membres ſont fort élevez, de peur qu'elles ne paroiſſent trop
étroites ; & enfin que les Soffites ou deſſous qui ſont ordinairement à niveau ſoient rélevez en devant, quand ils ſont embas
& peu au deſſus de la hauteur de l'œil, de crainte qu'ils ne paroiſſent avoir trop peu de Saillie. Tout de même dans la ſculpture, on veut que les ouvrages faits pour eſtre éloignez de la vûë
ayent plus de grandeur, plus de force, & plus de rudeſſe, pour
les empeſcher de paroiſtre trop chetifs & trop effacez ; Que les
Statuës qui ſont en des niches fort hautes, ſoient penchées en
devant, de peur qu'elles ne paroiſſent renverſées en arriere.

B b

Сн. VII.   Je commence l'examen de ces raisons par celle du fait , qui
est que je soûtiens n'y avoir point d'exemples de la pratique de
cette regle du changement des proportions , & que s'il s'en rencontre quelques-uns , on ne doit point croire que ce soit un
changement fait par des raisons d'Optique , mais seulement par
hazard , puisque ces changemens n'ont point esté pratiquez dans
les édifices les plus approuvez.

Pour commencer par la diminution qu'on donne aux Colonnes par enhaut , il se trouve que les plus grandes comme les plus
petites ont une mesme diminution dans l'Antique , & que même il y en a de petites qui en ont moins que de plus grandes.
Les grandes Colonnes du Temple de la Paix , celles du Portique
du Pantheon , celles de Campo Vaccino , & de la Basilique
d'Antonin , dont la tige seule a quarante & cinquante piés , n'ont
point une autre diminution que celles du Temple de Bacchus ,
dont la tige n'en a gueres que dix. Mais celles du Temple de
Faustine , du Portique de Septimius , des Thermes de Diocletien , & du Temple de la Concorde , dont la tige est de trente
& de quarante piés , ont mesme plus de diminution que celles
des Arcs de Titus , de Septimius , & de Constantin , dont la
tige n'a que quinze & vingt piés. Il est donc certain , que la
differente diminution de ces Colonnes n'a point esté faite par la
raison de l'Optique , puisque les grandes ayant une grande
diminution , & les petites une petite , ces proportions devroient
par les regles de l'Optique faire un effet contraire à l'intention
des Architectes.

A l'égard du relevement des Soffites , on pretend qu'il se doit
pratiquer pour faire paroistre les Saillies des membres , & l'on
tient que cela est principalement necessaire dans trois rencontres : sçavoir , quand les Aspects sont éloignez , quand les parties ne sont pas situées fort haut , & quand on n'a pas la liberté
de leur donner les Saillies convenables. Il se trouve neanmoins
que dans ces mêmes cas le contraire a esté pratiqué dans l'Antique. Car à l'égard de l'Aspect , au Portique du Pantheon où
l'Aspect peut estre beaucoup éloigné , & où par cette raison les
Saillies devroient paroistre petites , les Soffites ne sont pourtant
point relevez , & ils le sont au dedans du Temple où l'Aspect
estant necessairement proche , ce besoin de relever les Soffites
ne se rencontre point. A l'égard des parties situées embas , le
contraire de la regle se voit aussi aux Edifices les plus approuvez , où les Soffites sont souvent relevez dans les parties situées
le plus haut , où elles n'en ont point de besoin , cependant qu'ils

ne le font point aux parties fituées embas. Cela fe voit au Ch. VII.
Theatre de Marcellus, où les Soffites, tant des Architraves que
des Impoftes, font relevez au fecond Ordre, & ne le font pas
au premier, & au Colifée, où ils le font également à tous les
quatre Ordres, & enfin au Temple de Vefta à Tivoli, & au
Temple de Bacchus, les plus petits Ordres & les Entablemens
fituez le moins haut qui fe voyent, où les Soffites ne font relevez
nulle part. Enfin à l'égard de la petiteffe qu'on eft quelquefois
obligé de donner aux Saillies, elle n'a point auffi efté la caufe
de ce relevement des Soffites, puis qu'il y a des édifices approuvez, où les Saillies font fort grandes, & où neanmoins les
Soffites ne laiffent pas d'eftre relevez; ainfi qu'il fe voit à l'Architrave du Temple de la Fortune Virile, où les Soffites des
faces font relevez, quoique la grandeur des Saillies foit extraordinaire.

Pour ce qui eft de l'inclinaifon des faces, qu'on croit devoir
eftre faite en devant, pour empefcher que l'Afpect Oblique ne
les faffe paroiftre étroites, elles devroient fuivant la regle eftre
pratiquées, lorfque l'Afpect trop proche oblige de les voir obliquement, ou qu'il eft neceffaire de faire paroiftre grande, une
face qu'on a efté contraint de faire petite par quelque raifon:
mais cela ne fe voit point dans l'Antique. Car au Portique &
au dedans du Pantheon, où les Afpects font differens, toutes
les inclinaifons font en arriere; elles font de mefme au Temple
de Bacchus, & aux Thermes de Diocletien, où l'Afpect eftant
neceffairement proche, elles devroient fuivant la regle eftre en
devant. On voit encore prefque toûjours, que bien que les faces
ayent leur jufte grandeur, elles ne laiffent pas d'eftre inclinées
en arriere; & on en voit mefme qui font ainfi, quoy qu'elles
foient plus petites qu'elles ne doivent eftre. Cela fe remarque
au Temple de Vefta à Tivoli, où la face d'enhaut de l'Architrave qui eft de beaucoup trop petite, eft inclinée en arriere.
Enfin il fe trouve que prefque toûjours les faces font inclinées
en arriere, foit qu'elles foient en des parties fort haut élevées,
foit qu'elles foient embas; & l'on ne fçauroit dire pourquoy elles
font inclinées en devant au Temple de Mars le Vengeur, & au
Marché de Nerva, qui font prefque les feuls baftimens Antiques, où elles foient de cette maniere. Car la raifon qui oblige
quelquefois à incliner les faces en arriere, eft le befoin que l'on
a de donner une largeur convenable aux Soffites des membres,
dont une Impofte, une Corniche, ou un Architrave font com-
pofez, lors qu'on ne veut pas donner au tout la Saillie qu'il

 auroit, si ces faces n'estoient point inclinées en arriere. Mais il paroist que les Anciens n'ont point fait cette inclinaison en arriere par cette raison, puis qu'ils l'ont faite sans ce besoin, ainsi qu'il paroist à l'Architrave du Temple de la Fortune Virile, où les faces sont inclinées en arriere, les Soffites ayant le double de la Saillie qu'ils doivent avoir.

Dans la sculpture il ne se trouve point non plus que les Anciens l'ayent faite plus fouïllée, plus rude & plus grossiere, ny que les figures ayent esté tenuës plus grandes aux ouvrages situés fort haut, qu'à ceux qui estoient plus proches de la vûë. A la Colonne Trajane, les figures des bas‑reliefs n'ont ny plus de grandeur, ny plus de force en haut qu'embas. La Statuë de Trajan qui estoit au haut de la Colonne, n'avoit pas la sixiéme partie de la Colonne ; & il est certain qu'elle estoit plus petite de la moitié à proportion de la Colonne, que ne sont les figures que Palladio met sur des Colonnes plus petites de la moitié que la Colonne Trajane : & cet Architecte qui parle comme tous les autres du changement des Proportions, & qui ne le pratique point non plus que les autres, fait les figures situées enhaut, & celles qui sont embas, d'une mesme grandeur, & assez souvent plus grandes embas qu'enhaut, dans les Temples Antiques qu'il a dessinez. Pline remarque qu'au haut du Pantheon, il y avoit autrefois des Statuës qui n'estoient point mises au rang des ex‑cellens ouvrages, quoy qu'elles fussent des plus belles, parce, dit‑il, qu'elles estoient situées trop haut, c'est à dire que l'éloigne‑ment empeschoit qu'on ne les vit distinctement. Cependant le celebre Diogene Athenien qui les avoit faites, de mesme que toutes les autres figures de ce Temple, les avoit placées en cet endroit ; & il n'y a pas d'apparence que cet illustre Ouvrier ignorast l'Histoire des deux Minerves, & qu'il ne se fist pas hon‑neur comme les autres du changement des proportions : mais il en usoit comme les autres qui ne le pratiquoient point.

Il est pourtant vray qu'il y a des exemples dans l'Antique & dans le Moderne, qui font voir évidemment, qu'on a quel‑quefois eu dessein de changer les proportions par la raison de l'Aspect : mais outre que ces sortes de changemens sont rares, il est certain qu'ils font un tres‑mauvais effet. Nous en avons des exemples dans la cour du Louvre, où l'on a fait de la sculp‑ture en bas relief dans l'Attique, avec des figures beaucoup plus grandes que celles qui sont embas, ce qui choque tout le monde. La mesme chose fait encore un pareil effet au portail de saint Gervais, où à cause de la grande hauteur, on a fait les Statuës

d'une

d'une grandeur enorme. Mais l'exemple le plus remarquable du Ch. VII.
changement fait par les raisons de l'Optique est au Pantheon :
il consiste en ce que les quarrez du compartiment de la voute ,
estant enfoncez comme par degrez en maniere de pyramides
creuses , l'axe des pyramides au lieu de tendre au centre de la
voute , se va rendre embas à cinq piés du pavé au milieu du
Temple , ce qui fait que cet axe n'est point perpendiculaire à
la Base de la pyramide , ainsi qu'il auroit esté necessaire pour
garder la symmetrie : car ce changement fait que d'embas du
milieu du Temple , ces pyramides creuses sont vûës de mesme
qu'elles le seroient , si l'on estoit élevé jusqu'au centre de la
voute , & qu'elles fussent dirigées à ce centre. Mais il arrive
qu'aussi-tost qu'on s'éloigne de ce milieu cet effet cesse , & l'on
s'apperçoit de l'obliquité de ces axes , & de la corruption de la
symmetrie de ces pyramides ; ce qui est une chose bien plus
desagreable à la vûë , que si l'on avoit fait ces enfoncemens avec
une direction droite , comme il faut qu'elle soit à l'égard de la
voute : car le seul inconvenient de cette direction droite que je
puis appeller naturelle , est qu'une partie du giron des degrez
du côté d'embas de chaque pyramide , auroit esté cachée par la
hauteur des degrez , lors qu'on se seroit avancé vers le mur , &
que l'on auroit vû d'avantage de ces girons , lorsqu'on se seroit
éloigné du milieu : ce qui n'est point un inconvenient , de même que ce n'en est point un , qu'à un visage vû de costé , le nez
cache une partie d'une des joües. Car l'Architecte du Pantheon
a fait la mesme chose que si un Peintre dessinant un visage vû
de costé , y faisoit un nez vû de face , de peur que s'il estoit
comme il faut , il ne cachast quelque chose d'une des joües. La-
baco qui de mesme que les autres Architectes loüe le changement
des proportions & ne le pratique point , a fait son profit du
mauvais succez que ce changement a eu dans le Pantheon , &
dans un dessein qu'il a donné au public , pour la coupe de saint
Pierre , il a fait les pyramides creuses de ces compartimens de la
voute , dirigées au centre de la voute ainsi qu'elles doivent estre ,
ne jugeant pas que le changement de ce centre pût faire un bon
effet , quoique le grand exhaussement que l'Eglise de saint Pierre
a au dessus du Pantheon , augmente de beaucoup l'inconvenient
que cause l'épaisseur des degrez , en cachant les girons de ceux
qui suivent. Mais il y a apparence qu'il n'a eu aucun égard
à cet inconvenient , comme estant une chose dont la vûë ne
s'offence jamais , n'y ayant rien de si ordinaire que de voir des
parties qui se cachent les unes les autres , & rien à quoy la vûë

CH. VII. foit fi accoûtumée que de fuppleer les proportions des chofes entieres par le jugement qu'elle fait de la grandeur d'un tout, dont
on ne voit qu'une partie.

Et cette raifon du jugement de la vûë eft en general, ce qui
fait qu'on ne doit point changer les proportions, parce que ce
jugement ne manque jamais d'excufer, s'il faut ainfi dire, & d'empefcher qu'on ne foit trompé par les alterations & les effets de-
favantageux que l'on s'imagine, que l'éloignement & les differentes fituations font capables de produire. Et c'eft ce qui refte
à expliquer, pour faire entendre qu'il n'y a point de raifon de
changer les proportions, de mefme qu'il n'y a point d'exemple
chez les Anciens, qu'elles ayent efté changées, ainfi que l'on
vient de le faire voir.

Le jugement dont tous les fens font pourvûs, eft une chofe
que l'on a fans le fçavoir & fans s'appercevoir qu'on en ufe, à
caufe de l'accoûtumance, qui eftant comme une feconde nature, nous a rendu moins difpofez à nous appercevoir que nous
exerçons cette action, en forte qu'elle devient comme d'une
autre efpece, que le refte des actions du jugement, lefquelles
pour n'avoir pas efté tant de fois reiterées, ne peuvent eftre
exercées fans que nous y faffions reflexion, & fans que nous les
connoiffions. Cela fait auffi que ceux d'entre les fens dont nous
ufons le plus ordinairement, tels que font la vûë & l'oüie, ont
un jugement bien plus exact que les autres fens, & qu'ils fe
trompent bien moins dans le difcernement des circonftances,
dans lefquelles la tromperie peut confifter. Car ce qui fait que
par la vûë & par l'oüie, on juge fi certainement de l'éloignement de la grandeur & de la force des objets, & que les autres
fens ne peuvent difcerner fi facilement ces circonftances ; ce qui
fait par exemple que le toucher ne difcerne pas aifement la cha-
leur d'un grand feu éloigné, d'avec celle d'un petit qui eft proche ; que le gouft confond fouvent la foibleffe d'un petit vin,
avec celle qu'un plus fort a par le meflange de l'eau ; & que
l'odorat prend la foibleffe d'une odeur foible de fa nature, pour
une qui l'eft par fa petite quantité ; c'eft que l'action prefque
continuelle de la vûë & de l'oüie, a donné par la longue habitude une facilité que les autres fens n'ont point faute d'exercice.
Car fi quand on touche le bout d'un bafton avec le bout de
deux doigts croifez l'un fur l'autre, on croit à l'abord toucher
deux baftons, c'eft que l'on n'eft pas accoûtumé à le toucher
ainfi, puifque fi l'on continuë long-temps à le toucher de cette
maniere, on ne s'y trompe plus, & l'on ne fent plus qu'un

bafton. Tout de mefme quand par quelque effort les yeux font Ch. VII. deplacez & hors de leur fituation ordinaire, on voit les chofes doubles ; cependant les louches qui ont les yeux ainfi naturellement deplacez, ne voyent point double, parce qu'ils fe font accoûtumez à corriger par le jugement, l'erreur dans lequel la fituation non naturelle de leurs yeux les engageoit.

Il eft tres vrayfemblale que les animaux à leur naiffance voyent mal, & qu'ils jugent les objets éloignez auffi petits que la peinture faite dans leur œil les leur reprefente, & qu'il faut que l'experience leur ayant fait connoiftre qu'ils fe font trompez, corrige l'erreur de ce premier jugement, & que dans la fuite le jugement s'accoûtume tellement à fe fervir de tous les moyens qu'il peut y avoir pour fe défendre de cette tromperie, qu'enfin il parvienne à la perfection, dans laquelle il fe trouve lorfqu'on commence à bien voir ; & cette perfection eft telle qu'il n'y a perfonne qui croye qu'une tour éloignée qui fe couvre avec le doigt mis proche de l'œil, foit moins grande que le doigt, ny qu'un rond vû obliquement foit une ovale, ou qu'une ovale foit un rond ; quoique les images de ces chofes foient actuellement telles dans l'œil. Et il eft fort important de bien faire reflexion fur l'exactitude, & fur la jufteffe de ce jugement, qui eft telle qu'elle ne feroit pas croyable fi l'on n'en avoit l'experience, & fi l'on ne voyoit pas tous les jours qu'un cocher juge de cinquante pas, qu'il ne fçauroit faire paffer fon carroffe entre deux autres, quoy qu'il ne s'en faille pas plus de deux pouces qu'il n'ait affez de place ; qu'un Chaffeur juge de la groffeur d'un oifeau qui vole ; qu'un Jadinier ne fe trompe point à celle d'un fruit qui eft au haut d'un arbre ; qu'un Charpentier connoift celle d'une poutre placée au faifte d'un baftiment, & qu'un Fontenier mefure exactement de la vûë la groffeur & la hauteur d'un jet d'eau.

Or ce n'eft pas feulement par l'experience que nous fommes convaincus que la vûë ne nous trompe point tant que l'on dit, mais la raifon nous le peut faire connoiftre auffi en nous apprenant quels font les moyens que le jugement employe pour empefcher qu'on n'en foit trompé, & fur quoy il fe peut fonder, pour acquerir avec tant de certitude une connoiffance fi difficile. Pour concevoir quel eft ce fondement & quels font ces moyens, il faut confiderer ce que les Peintres ont accoûtumé de pratiquer pour tafcher de tromper la vûë, en faifant paroiftre les chofes ou proches ou éloignées. Car ce qu'ils employent pour cet effet, c'eft ce que le jugement de la vûë obferve & examine

CH. VII. fort exactement : & cela confiste principalement en deux chofes, qui font la modification des grandeurs & des figures , & celle des couleurs. La modification des grandeurs & des figures , fert à faire paroiftre l'éloignement , lors qu'on apetiffe les chofes & qu'on les difpofe comme il faut , en faifant monter par exemple le plancher d'embas , defcendre celuy d'enhaut , & approcher les extremitez éloignées de ce qui eft aux coftez : la modifica- tion des couleurs fert à produire la mefme apparence d'éloigne- ment, lors qu'on diminuë leur force , oftant le trop grand éclat aux parties éclairées, & la trop grande obfcurité à celles qui font ombragées ; & cela de maniere que ces deux efpeces de modi- fication fe rencontrent toûjours jointes enfemble. Car il faut fuppofer que le jugement de la vûë examinant toutes ces chofes, conclud qu'un objet dont la peinture eft petite dans l'œil , eft effectivement petit & proche , fi fes parties font éclairées par des jours fort vifs , & par des ombres fort obfcures ; & qu'un plancher qui eft peint élevé dans l'œil ne l'eft point en effet, mais qu'il eft fort long , quand les parties dont il eft compofé font colorées de telle maniere, qu'à mefure qu'il s'éleve les jours & les ombres vont toûjours en s'afoibliffant.

Outre ces deux modifications que le jugement de la vûë exa- mine avec beaucoup d'exactitude, il prend garde encore à d'au- tres circonftances , & fe fert d'autres moyens pour connoiftre les grandeurs & les diftances des objets éloignez. Ces moyens con- fiftent dans la comparaifon qu'il fait des chofes connuës avec les inconnuës , de maniere que la connoiffance de la diftance luy fait connoiftre la grandeur , & la grandeur qu'il connoift luy fait connoiftre la diftance : car on juge que les objets dont les grandeurs font connuës comme un homme, un mouton, un cheval, font bien éloignez quand leur peinture eft petite dans l'œil ; & par la mefme raifon quand la peinture d'une tour qu'on fçait eftre bien éloignée eft grande dans l'œil , on juge que la tour eft effectivement grande , & il faut entendre que cela fe fait en fuppofant que ces derniers moyens de juger, pris de la comparaifon des chofes connües avec les inconnües , doivent eftre joints avec les premiers, pris de la modification des gran- deurs & des figures & de celle des couleurs : car la modification des couleurs faifant juger de la diftance , & l'éloignement fai- fant juger de la grandeur ; & la modification de la grandeur , faifant auffi juger de la diftance , il eft vray que l'efprit qui s'eft habitué depuis un tres long-temps, par des experiences prefque infinies , à examiner , à joindre & à comparer enfemble toutes

ces

ces chofes , s'acquiert enfin une facilité pour le difcernement
des grandeurs , des diftances des figures , des couleurs & de toutes les autres veritez des objets éloignez , qui eft prefque infaillible.

Mais ce qui prouve la juftelle & l'infaillibilité du jugement
de la vûë , & fait connoiftre certainement , que ce fens n'eft
point fujet à eftre furpris & trompé comme on dit , c'eft la difficulté que l'Art le plus parfait & le plus ingenieux trouve à en
venir à bout quand il l'entreprend : car hormis quelques oifeaux
qui volent à l'étourdie , on n'a guere vû d'animal fe tromper à
une perfpective. Le Peintre a eu beau diminuer les grandeurs ,
donner de l'obliquité aux lignes des coftez , affoiblir les jours &
les ombres autant qu'il peut felon les mefmes degrez que la nature leur donne dans les divers éloignemens : comme il ne luy
eft pas poffible de le faire fi precifement que la nature , l'œil
qui eft plus jufte & plus exact que la main du Peintre , s'apperçoit aifément de ce qui manque à cette derniere precifion. Et
l'on ne fçauroit apporter d'autre raifon de ce qui empefche
qu'on ne foit trompé par la peinture , que la certitude de la vûë ,
qui outre l'imperfection qui eft toûjours au Tableau par la faute
de l'ouvrier , en découvre encore d'autres , qui viennent neceffairement de la chofe mefme ; eftant impoffible que dans l'afoi-
bliffement qu'on a voulu donner au coloris , pour faire paroiftre par exemple une montagne fort éloignée , l'œil n'apperçoive des ombres & des jours , avec la force qu'ont les corps qui
font proches : parce que les inégalitez de la toile ou du mur
qui font effectivement proches , ont de ces jours & de ces ombres avec une force qui ne fe voit point dans les chofes éloignées. Et c'eft par la même raifon que la voix de ceux qu'on dit
parler du ventre , & qui reprefentent une voix fort éloignée ,
ne trompe pas quand on y a attention ; parce que l'oreille difcerne dans la voix affoiblie de petits fons entremeflez , qui ont
toute la force d'un fon proche. Car quoy qu'un Tableau éloigné
ne laiffe pas voir bien diftinctement les inégalitez de fa furface ,
il eft pourtant vray que la fidelité & l'exactitude de la vûë eft
telle , que la perception imparfaite & confufe qu'on en a , fuffit
pour empefcher qu'on n'en foit trompé.

Cette exactitude du jugement de la vûë , & la certitude de la
connoiffance qu'il nous donne eftant donc auffi precife qu'elle
eft , il n'y a pas beaucoup de difficulté à concevoir que l'é-
loignement des objets n'eftant pas capable de tromper & de
furprendre , ces proportions ne peuvent eftre changées qu'on

D d

CH. VII. ne s'en apperçoive, & que par cette raifon ce changement n'eft pas feulement inutile, mais qu'il doit eftre même reputé vicieux: parce que l'œil de celuy qui fçait par exemple quelle doit eftre la proportion d'un Entablement, ne manque pas de voir qu'on l'a fait plus grand fur une grande Colonne à proportion que fur une petite, nonobftant la hauteur à laquelle il eft élevé; de mefme qu'il n'y a perfonne qui ne juge fort bien, fi un homme qui eft à une feneftre haute, a la tefte plus groffe qu'on n'a accoûtumé de l'avoir; de forte que fi la proportion ordinaire d'un Entablement a quelque chofe de raifonable, à caufe que la maffe de ce qui eft porté doit avoir quelque rapport avec la force de ce qui la porte; cet Entablement qui eft effectivement plus grand qu'il ne doit eftre à proportion de la Colonne qui le foûtient, choquera neceffairement la vûë: & la mefme chofe arrivera, fi pour empefcher qu'une Statuë dans une niche, ou un Bufte fur une Confole ne paroiffent penchez en arriere, on les penche en devant: car s'ils font penchez en devant, ils paroiftront infailliblement penchez en devant.

Par la mefme raifon fi pour empefcher que dans la fculpture la grande diftance ne faffe paroiftre les parties des ouvrages placez enhaut, trop confufes & trop peu diftinctes, on la rend rude & groffiere, l'œil la verra rude & groffiere; parce que comparant la diftance qu'il connoift, avec la confufion qu'il fçait devoir eftre dans les chofes qui font à cette diftance, il fera offencé s'il y trouve cette diftinction qu'il juge n'y devoir pas eftre; de mefme qu'on feroit choqué en voyant un Tableau où le Peintre auroit rendu les chofes éloignées auffi fortes & auffi diftinctes que celles qui font proches: car s'il eft vray qu'il n'y auroit que les ignorans qui aimaffent à voir aux figures qui font dans le lointain d'un Tableau, les poils des paupieres & le vermeil des levres marquez diftinctement; il ne fe rencontrera auffi perfonne qui puiffe fouffrir que dans des Statuës quelque haut qu'elles foient placées, on cerne les yeux, on faffe des trous dans les boucles des cheveux, & on marque les mufcles plus fort qu'il ne faut, fi ce n'eft qu'on foit du nombre de ceux qui ne fçavent pas en quoy confifte la beauté de la fculpture: car ceux qui ont l'idée de la perfection des ouvrages, verront toûjours qu'on a corrompu & gafté les proportions, du moins par la comparaifon qu'ils feront d'une partie avec une autre; eftant impoffible de les rendre rudes & marquées les unes autant que les autres, & faire par exemple que l'ombre que la tefte fait fur le col foit noire & marquée autant qu'eft celle qui paroift

au tour des yeux qu’on a creufez & cernez, pour donner cette **Ch. VII.**
rudeffe qu’on affecte dans la fculpture fituée en des afpects
éloignez.

Car fuppofé que l’œil avec fon jugement ne foit pas capable
de faire connoiftre bien precifement la grandeur des chofes
éloignées, & qu’un cocher ne foit pas auffi affuré de la grandeur de l’efpace dans lequel il juge que fon carroffe ne fçauroit
paffer, comme il le feroit s’il le mefuroit avec une toife ; il
faut confiderer que ce n’eft point auffi feulement cette precifion
qui eft requife, pour faire que l’œil ne foit point trompé par
la diftance, quand il s’agit de la connoiffance des proportions :
& il n’eft point neceffaire pour cela de fçavoir abfolument la
grandeur d’une chofe ; mais feulement de la fçavoir comparer à
celles qui font voifines. Car de mefme que le cocher juge l’efpace dans lequel il veut paffer eftre trop petit principalement
parce qu’il le compare à la grandeur des deux carroffes, entre
lefquels il doit paffer : l’œil auffi juge de la grandeur d’un Entablement, & connoift fort bien s’il eft trop grand, quand même il ne jugeroit pas bien precifement qu’elle eft fa grandeur :
parce que c’eft affez qu’il compare cette grandeur à celle des
autres parties du baftiment. Or l’éloignement n’empefche point
de faire cette comparaifon ; parce que s’il diminüe l’apparence
de la grandeur de cet Entablement, il diminüe auffi l’apparence de la grandeur des autres parties du baftiment qui l’accompagnent & qui luy font voifines, & ne fçauroit empefcher que
l’œil ne s’apperçût de l’augmentation que l’Architecte ou le
Sculpteur auroit donné à la grandeur d’une partie.

Mais quand il ne feroit pas certain que le jugement de la
vûë eft capable d’empefcher que l’éloignement des objets & leur
fituation ne nous trompe, il eft toûjours vray, que le changement des proportions n’eft point un bon remede à ce pretendu
défaut ; parce qu’il ne pourroit avoir de bon effet qu’à une certaine diftance, & feulement en fuppofant que l’œil ne chan-
geât point de fituation : & que de mefme que dans ces figures
d’Optique, dont les proportions font tellement ajuftées, que
fi lors qu’elles font vûës d’un certain endroit, elles font un bon
effet, on les trouve difformes auffi-toft que l’œil eft deplacé ;
les proportions qu’on auroit changées dans un édifice pour leur
faire faire un bon effet à l’œil fitué en un certain endroit, pa-
roiftroient auffi tres-vicieufes, lors qu’on viendroit à changer
de place : parce que l’afpect qui eft oblique quand on eft proche, ceffe de l’eftre à mefure qu’on s’éloigne : Et ainfi la face

 d'un Larmier qu'on auroit agrandie ou inclinée, pour empefcher
que l'obliquité de l'afpect ne la fit paroiftre trop petite, la feroit
paroiftre trop grande, quand le changement d'afpect auroit fait
ceffer cette obliquité.

Enfin pour conclure en un mot, je croy que lors qu'on y
aura bien penfé, on trouvera qu'il n'y a point de raifon de
corrompre & de gafter les proportions, pour empefcher qu'elles
ne paroiffent corrompuës, & de rendre une chofe defectueufe
par l'intention que l'on a de la corriger ; toutes les apparences
que l'éloignement & la fituation produifent, qui font prifes
pour des mauvais effets & des défauts, eftant le vray état & la
forme naturelle des chofes, que l'on ne fçauroit changer fans
les rendre vifiblement difformes. Car tout ce qui a efté dit &
qu'on peut dire fur ce fujet, eft qu'il n'eft point auffi certain
que l'éloignement faffe paroiftre les proportions autres qu'elles
ne font, comme il eft certain que le changement de la proportion eft effectivement la corruption de la proportion ; &
qu'il y a plus de danger qu'une proportion paroiffe corrompuë
quand elle l'eft, que quand elle ne l'eft pas.

Cependant que deviendra l'opinion unanime de tous les Architectes, fondée fur l'autorité de Vitruve, qui enfeigne ce
changement de proportion & qui en prefcrit les regles ? Faut-il
croire que depuis prés de deux mille ans que cette maxime eft
établie, perfonne ne fe foit donné le loifir de l'examiner, &
que tant de grands genies qui apparament ont fait reflexion fur
une queftion fi importante, n'en ayent pu découvrir la verité ?
Il faut bien qu'il y ait quelque chofe de cela : & ma penfée eft
que comme on peut avoir tout le genie neceffaire à un Architecte, fans s'amufer à des chofes qu'on croit n'avoir qu'une
vaine fubtilité, ceux qui ont efté capables de refoudre les
queftions les plus fubtiles, ont pu avoir negligé celle-cy, dont
la difcuffion leur a paru inutile, à caufe de l'autorité de Vitruve
qui femble l'avoir decidée ; & auffi parce qu'il y a quelques rencontres où le changement de proportion peut en quelque façon
avoir lieu. Mais comme dans ces rencontres le changement de
proportion ne fe fait point par la raifon de l'Optique, ainfi
qu'il va eftre expliqué, la verité de la propofition demeure toûjours en fon entier : fçavoir, qu'il ne faut point changer les proportions de l'Architecture fuivant les differens afpects.

L'ambition que chacun a de faire valoir l'Art dont il fait
profeffion, a porté les Architectes à vouloir convertir en myfte-
res toutes les chofes dont ils n'ont pu rendre de raifon : car fe

prevalant

prevalant de la grande opinion que l'on a ordinairement des choſes du temps paſſé, comme il n'y en a guere de plus anciennes que celles qui ſe voyent dans les reſtes des baſtimens des Grecs & des Romains, ils ont voulu établir comme un fondement inebranlable, qu'il n'y avoit rien dans ces admirables reſtes qui ne fût fait avec grande raiſon ; & quand on leur a objecté les diverſitez des proportions dans des édifices également approuvez, ils l'ont attribuée à la diverſité des aſpects qu'ils ont ſuppoſé avoir eſté cauſe de ce changement de proportions, leſquelles ont dû avoir des regles differentes à cauſe de la difference de la ſituation.

Les exemples apportez au commencement de ce Chapitre pris des baſtimens les plus approuvez de l'Antiquité, ont fait voir que cela ne peut eſtre, puiſque ſouvent dans les meſmes aſpects les proportions ſont differentes, & qu'au contraire elles ſont pareilles dans les aſpects differens : il reſte de faire voir, que dans les cas où le changement des proportions peut-eſtre permis, on ne ſe fonde point ſur l'Optique ny ſur l'effet que la diſtance & la ſituation des membres de l'Architecture peuvent produire.

Le premier cas où je croy que l'on peut changer les proportions, eſt lorſque l'on ne veut pas donner beaucoup de Saillie à une Corniche, à un Architrave ou à un Piedeſtail : car alors on peut incliner les faces en arriere, pour regaigner par cette inclinaiſon ce que l'on donne aux Saillies : & il eſt certain que là l'Optique n'a point de lieu ; parce que les Saillies ont effectivement leur grandeur, & qu'il ne s'agit point de les faire paroiſtre autres qu'elles ne ſont. Ce qu'il y a à obſerver dans cette pratique, eſt qu'on ne devroit uſer de cette inclinaiſon que dans des lieux convexes, comme au dedans des Domes ou Lanternes, aux bandeaux des arcades, aux chambranles, aux quadres, & generalement dans les diſpoſitions qui ſont telles, qu'aucun angle fait par le retour, ne peut laiſſer voir le profil de la Moulure, dans lequel ces inclinaiſons des faces font un fort mauvais effet. Il y a des exemples de ces inclinaiſons faites en arriere avec un bon ſuccez au dedans du Pantheon, dans les bandeaux des Arcs qui ſont ſur l'entrée, & ſur la Chapelle du milieu : Mais cela n'a pas eſté obſervé dans l'Architrave de l'Attique, où les bandes ne ſont diſtinguées que par les couleurs differentes du marbre, ſans avoir aucune Saillie l'une ſur l'autre : ce qui peut eſtre une des raiſons que l'on a de croire que cet Attique eſt d'un autre Architecte que le reſte du Temple.

E e

Le second cas est lorsque l'on veut placer une figure Colossale en un endroit fort haut ; car alors on la peut faire beaucoup plus grande que les autres figures qui sont embas : mais il est evident que cela ne se fait point par une raison d'Optique, parce que l'intention est que la figure paroisse Colossale. Et ce qu'il y a à observer dans cette rencontre , est qu'il faut que cette Statuë soit posée sur quelque chose qui ait rapport à sa gran_deur , n'estant pas permis de la mettre par exemple sur un se_cond ou troisiéme Ordre , qui estant necessairement plus petit que le premier, ne peut souffrir des Statuës , si elles ne luy sont proportionnées & plus petites que celles qui sont au premier. De maniere qu'il faut faire en sorte qu'il paroisse y avoir un arriere-corps qui comprenne plusieurs Ordres , ou du moins qui soit proportionné à la Statuë Colossale. C'est ce que l'on a observé à l'Arc de Triomphe du Fauxbourg saint Antoine, où la Statuë Colossale du Roy est posée au haut , sur le massif de l'édifice, contre lequel il y a un Ordre tout au tour , qui ne s'éleve guere que jusqu'à la moitié de ce massif ; car ce massif sert comme de Piedestail à la grande Statuë , qui est beaucoup plus grande que celles qui sont sur les Colonnes de l'Ordre , lesquelles luy sont proportionnées de mesme que la grande Statuë l'est au massif.

Ainsi il ne faut point faire les Statuës d'enhaut plus grandes que celles d'embas , lors qu'elles sont d'une mesme espece , c'est à dire quand les unes & les autres sont chacune dans son étage & dans son ordre : au contraire il faut qu'elles aillent toûjours en diminuant de mesme que les Ordres qui sont necessairement plus petits enhaut qu'embas.

Le troisiéme cas , est lors que deux demy Pillastres font un angle rentrant ; car alors il faut leur donner un peu plus que le demy diametre , pour empescher le mauvais effet que le Chapi-teau & les Cannelures produiroient necessairement , si les demy Pillastres n'estoient agrandis de cette maniere, ainsi qu'il a esté remarqué au precedent Chapitre. Et il est évident que ce chan-gement ne se fait point par une raison d'Optique , mais pour donner à quelques-unes des parties un peu plus de largeur qu'el-les n'en doivent avoir , afin de n'estre pas obligé d'en étrecir d'autres plus qu'elles ne le doivent estre : car cela se fait dans le Chapiteau Corinthien , en donnant aux deux demy feüilles du second rang plus que le demy dans un angle rentrant , parce que n'ayant precisément que le demy , elles rendroient le repli de la feüille trop pointu , & les Volutes du milieu aussi trop serrées , si elles n'estoient ainsi élargies.

Le quatriéme cas , est si l’on vouloit selon la pensée de Scamozzi, mettre l’Ordre Composite entre l’Ionique & le Corinthien, ce que j’approuverois fort , le Chapiteau Composite ayant beaucoup de rapport avec l’Ionique & la grossiereté de son Entablement le faisant aussi avoir plus de proportion avec les Ordres massifs que n’en a le Corinthien : car en ce cas il seroit necessaire de changer les proportions , & il faudroit en mettant la Colonne Composite avec son Entablement sur le Piedestail Corinthien , appetisser le Fust de deux petits Modules , & tout de mesme mettant la Colonne Corinthienne avec son Entablement sur le Piedestail Composite augmenter son Fust de deux Modules. Il peut y avoir encore d’autres rencontres où il est permis de changer les proportions ; mais je ne croy point qu’il y en ait où elles le doivent estre par la raison de l’Optique : car il peut estre permis à un Sculpteur de choisir les attitudes convenables aux situations de ses figures , & d’éviter celles qui pourroient avoir de mauvais effets ; ainsi que Mr. Girardon la pratiqué fort judicieusement à Seaux , où il a fait une grande Statüe de Minerve assise au haut du bastiment sur la pointe d’un fronton , & disposée de maniere qu’estant assise un peu haut, ses genous ne luy cachent point le corps , ainsi qu’ils auroient fait s’ils avoient esté plus relevez : mais la verité est que dans ce changement il n’a point eu dessein de faire paroistre la chose autrement qu’elle n’est.

Pour finir ce Chapitre , il me reste encore à dire , qu’il est étrange qu’en des cas où il faudroit changer les Proportions , on a affecté de les faire pareilles. Par exemple les trois plus celebres Auteurs qui ont écrit de l’Architecture, Vignole, Palladio & Scamozzi font que dans les Ordres Ionique , Corinthien & Composite , la hauteur de tous les Entablemens , a une mesme proportion avec la longueur de la Colonne , Vignole donnant à tous les Entablemens à peu prés le quart de la Colonne , & Palladio de mesme que Scamozzi , leur donnant aussi indifferament à tous à peu prés la cinquiéme partie. Car il auroit ce me semble esté plus raisonnable de mettre un Entablement plus massif, tel qu’est celuy qui a le quart de la longueur de la Colonne, sur celle qui est courte & ramassée, ainsi qu’on peut dire que l’Ionique l’est estant comparée à la Composite , & d’en donner un plus leger tel qu’est celuy qui a la cinquiéme partie de la longueur de la Colonne , à celle qui est longüe & menüe, ainsi qu’on peut dire que la Composite l’est si on la compare à l’Ionique ; que d’avoir fait le contraire. Cela fait que je trouve que

Ch. VIII. la variation & le changement des proportions que j'ay pratiqué dans mes Entablemens selon la diversité des Ordres , a quelque chose de mieux fondé , que le changement que l'on fait par la raison des situations & des aspects differens.

J'ay oublié à remarquer en quoy consiste cette diversité des proportions que j'ay donnée à mes Entablemens, à l'endroit où il en est parlé expressément dans ce traité, qui est au quatriéme Chapitre de la premiere partie, où il est dit que je donne à tous les Entablemens une mesme hauteur dans tous les Ordres ; & c'est de l'égalité de la hauteur de ces Entablemens que naist la difference des proportions qu'ils ont à l'égard des Colonnes : Car la longueur des Colonnes allant toûjours croissant, pendant que la hauteur des Entablemens demeure la mesme , il s'ensuit que les Colonnes les plus courtes ont les Entablemens plus grands à proportion, que celles qui sont plus longues. Ainsi la longueur de la Colonne Toscane est de trois Entablemens & deux tiers ; celle de la Dorique est de quatre ; celle de l'Ionique est de qua-tre & un tiers ; celle de la Corinthienne de quatre deux tiers, & celle de la Composite de cinq : la proportion de l'Entablement allant toûjours diminuant également d'un tiers de la hauteur de tout l'Entablement dans chaque Ordre , à mesure qu'il est plus leger & plus delicat.

CHAPITRE VIII.

De quelques autres abus introduits dans l'Architecture moderne.

DE même que dans les Langues il se trouve beaucoup de manieres de parler contraires aux regles de la Grammaire qu'un long usage a autorisées, de telle sorte qu'il n'est pas mê-me permis de les corriger ; & qu'il y en a aussi qui ne sont pas si generalement reçûës que l'on ne pût empescher leur établis-sement, si elles estoient rejettées par ceux qui sont en reputation de sçavoir bien parler : on peut aussi remarquer dans l'Archi-tecture des abus de deux sortes. Il y en a qui ont esté rendus non seulement supportables par l'accoûtumance, mais mesme tellement necessaires , que bien que contre la raison & les an-ciennes regles, ils sont devenus eux mesmes des regles d'Archi-tecture. Ces abus sont ceux dont il est parlé dans la Preface, tels que sont le renflement des Colonnes , les Modillons des Frontons perpendiculaires à l'horison & non à la ligne de la

pente

pente du Tympan ; aufquels on peut encore adjoufter la maniere
reçûë de mettre des Modillons des quatre coftez d'un édifice, & à la
Corniche qui traverfe fous le Fronton ; d'en mettre à un premier
Ordre au lieu de les referver pour le dernier d'enhaut; les Modillons
ne devant eftre qu'aux coftez fur lefquels font pofez les Chevrons
& les Forces, dont ils reprefentent les extremitez, & ne devant point
eftre à la Corniche qui traverfe fous le Fronton, mais feulement au
Fronton où ils reprefentent les bouts des Pannes ; & n'y ayant rien
de plus contraire à ce que les Modillons doivent reprefenter que de
les mettre aux endroits où il ne peut y avoir ny Chevrons, ny
Forces, ny Pannes. La maniere de faire des Triglyphes autre part
qu'au deffus des Colonnes qui eft le feul endroit, où il y a des
poutres dont les Triglyphes reprefentent les bouts, peut encore
eftre mife au nombre des licences que l'ufage a autorifées.

Mais il y a d'autres abus qui n'ont encore d'autorité qu'autant
qu'il en faut pour fe faire fouffrir, & qu'on peut du moins éviter pour
une plus grande perfection, fuppofé qu'on ne les veuïlle pas abfolument condamner. Palladio en a fait un Chapitre, & il les reduit
feulement à quatre, qui font de mettre des cartouches pour porter
quelque chofe ; de brifer les Frontons & les laiffer ouverts par le
milieu ; d'affecter la grande Saillie des Corniches & de faire des
Colonnes à boffages : mais je croy qu'on y en peut adjoûter d'autres, dont quelques-uns pouvoient n'avoir pas encore efté introduits du temps de Palladio : Car outre ceux dont il a efté parlé dans
le Chapitre precedent, qui regardent le changement des proportions, j'en remarque plufieurs autres, dont à la verité la plufpart
font moins vicieux que ceux qui font alleguez par Palladio.

Le premier eft de faire que des Colonnes ou des Pillaftres fe penetrent & fe confondent l'un dans l'autre. Cette penetration dans les
Colonnes eft plus rare que dans les Pillaftres. On en voit un exemple
dans la Cour du Louvre, où aux angles rentrans comme A, on a mis
deux Colonnes BC, au lieu de fe contenter de la Colonne D, qui
peut faire ce que font les Colonnes B, & C, & mefme plus naturellement s'il faut ainfi dire, fuppofant que de même que la Colonne E,
foûtient les deux Architraves qui font l'angle faillant, la Colonne D,

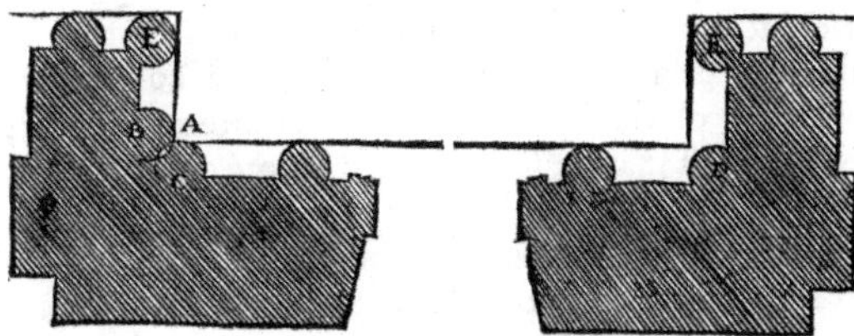

CH. VIII. foûtient auſſi ceux qui font l'angle rentrant ; n'y ayant point
de raiſon qui faſſe qu'une Colonne ne ſoit pas ſuffiſante pour
ſoûtenir l'angle rentrant, puis qu'elle l'eſt pour ſoûtenir l'angle
ſaillant.

Palladio dans un Palais qu'il a baſti à Vicence pour le Comte
Valerio Chiericato, a fait auſſi de ces Colonnes qui ſe penetrent,
qu'il appelle Colonnes doubles.

Un pareil abus eſt plus ordinaire dans les Pillaſtres, la pratique des Modernes eſtant lorſque par exemple le Pillaſtre G,
fait un avant corps & en fait faire un pareil à l'Entablement &
au Piedeſtail, de luy joindre un demy Pillaſtre H, qui le pene-
tre & qui en eſt penetré ; ce demy Pillaſtre eſtant pour ſoûtenir
l'Entablement qui va paſſer ſur le Pillaſtre L, l'abus conſiſte en

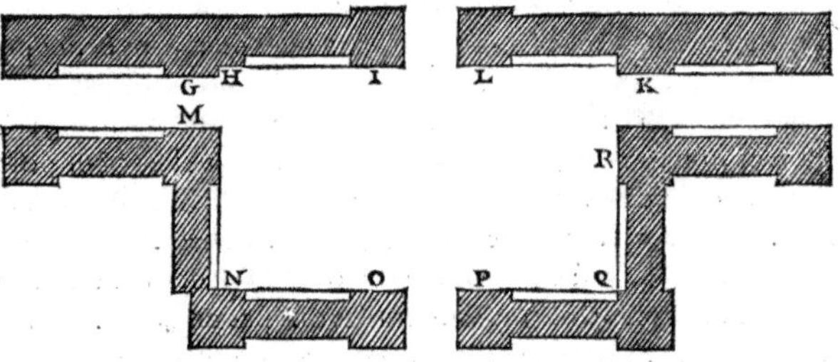

ce qu'outre que ces parties ſe penetrent l'une l'autre, le demy Pillaſtre
H eſt encore hors de ſa place & tout à fait inutile, le Pillaſtre K, &
le Pillaſtre L, eſtant ſuffiſans. La raiſon de cela eſt que les ouvrages
où ſont les Pillaſtres & les demy Pillaſtres comme G, H, I, qui
n'ont de Saillie que la cinquiéme, ou la ſixiéme partie du diametre du Pillaſtre, & qui ne forment un avant corps que de
cette épaiſſeur, doivent eſtre conſiderez comme des bas reliefs
qui repreſentent le relief entier M, N, O : & que ceux qui comme L, K, n'ont point de demy Pillaſtre, repreſentent le relief
entier P, Q, R. Or il eſt certain que la maniere M, N, O, n'a
aucune raiſon, & que la diſpoſition du Pillaſtre Q, dans le relief entier eſt beaucoup mieux que celle du Pillaſtre N, qui
n'eſtant point au droit du Pillaſtre M, mais à coſté, eſt tout à
fait hors de ſa place. Et il eſt encore certain que la repreſentation de ce qui eſt mal ne ſçauroit rien valoir que par des raiſons
priſes hors de la nature de la choſe, telles que ſont icy celles de
la multiplication des ornemens, qui conſiſtent dans des demy
Chapiteaux, & des moitiés de Baſes miſes fort mal à propos.
Ainſi l'on peut dire generalement, que tous les demy Pillaſtres

font proprement abusifs non seulement dans l'espece proposée,
où un demy Pillastre est joint à un Pillastre entier ; mais mesme
quand deux demy Pillastres se rencontrent dans les angles rentrans. De maniere que le petit coin de Pillastre Q , est la seule
chose qui puisse estre mise regulierement dans l'angle rentrant ;
ainsi qu'il a esté pratiqué au dedans des grands Portiques qui
sont à la face du Louvre. Car quoy qu'il se trouve des demy
Pillastres à des angles rentrans en des ouvrages de l'Antique tres-
approuvez , tel qu'est le Pantheon ; comme ils supposent toûjours une penetration mutuelle de deux Colonnes, il est vray de
dire qu'ils font contre l'exacte regularité , de laquelle neanmoins
il est permis quelquefois de se dispenser quand il y a quelque
raison de le faire.

Le second abus est le renflement des Colonnes dont il a esté
parlé au Chapitre huitiéme de la premiere partie, où l'on a fait
voir que cette maniere est sans raison, & qu'il ne se trouve point
qu'elle ait esté pratiquée dans l'Antique.

Le troisiéme abus est l'accouplement des Colonnes que quelques-
uns ne peuvent approuver parce qu'il n'a presque point d'exemples dans l'Antique. Mais la verité est , que s'il est permis d'adjouster quelque chose aux inventions des anciens , cette invention merite d'estre reçûë dans l'Architecture , comme ayant une
beauté & une commodité considerable. Pour ce qui est de la
beauté elle est tout à fait selon le goust des Anciens, qui aimoient
sur tout les genres d'édifices où les Colonnes estoient serrées ,
& ils n'y trouvoient rien à redire que l'incommodité que causoit
ce serrement de la maniere qu'ils le faisoient : car cette incommodité les obligea d'élargir les entrecolonnemens du milieu, &
fut aussi cause qu'Hermogene inventa le Pseudodiptere , pour
élargir les ailes ou galeries aux Portiques des Temples appellez
Dipteres, parce que les ailes y estoient doubles ayant deux rangs
de Colonnes , lesquelles avec le mur du Temple , formoient
deux galeries par le dehors. Or ce sçavant Architecte l'un des
premiers inventeurs de l'Architecture ancienne , s'avisa d'oster le
rang de Colonnes qui estoient au milieu , & de deux galeries
étroites , il en fit une qui avoit la largeur des deux ensemble, &
de plus celle d'une Colonne. A l'exemple d'Hermogene , les
Modernes ont introduit cette nouvelle maniere de placer les
Colonnes, & ont trouvé le moyen en les accouplant de donner
plus de dégagement aux Portiques & plus de grace aux Ordres :
car mettant les Colonnes deux à deux , on peut tenir les entrecolonnemens assez larges, pour faire que les portes & les fenestres

Ch.VIII. qui donnent ſur les Portiques, ne ſoient pas offuſquées comme elles eſtoient chez les Anciens, où ces ouvertures avoient plus de largeur que les entrecolonnemens ; car alors dans les manieres les plus ordinaires de diſpoſer les Colonnes, il eſtoit neceſ-ſaire pour avoir un entrecolonnement de huit piés, que les Co-lonnes euſſent quatre à cinq piés de diametre ; au lieu qu'accou-plant les Colonnes, c'eſt aſſez qu'elles ayent deux ou deux piés & demy de diametre : & par ce moyen les entrecolonnemens larges n'ont point mauvaiſe grace comme ils auroient, ſi les Colonnes eſtoient une à une, qui paroiſtroient en cet état trop foibles & incapables de ſoûtenir la longueur que l'En-tablement a d'une Colonne à l'autre au droit de l'entrecolon-nement.

Cette maniere de placer les Colonnes peut eſtre conſiderée comme un ſixiéme genre ajouſté aux cinq qui eſtoient en uſage parmy les Anciens, dont le premier s'appelloit Pycnoſtyle, par-ce que les Colonnes eſtoient fort ſerrées, les entrecolonnemens n'ayant qu'un diametre & demy de la Colonne ; le ſecond s'ap-pelloit Syſtyle où les Colonnes eſtoient un peu moins ſerrées, l'entrecolonnement eſtant de deux diametres ; le troiſiéme s'ap-pelloit Euſtyle, où elles eſtoient mediocrement ſerrées, l'entre-colonnement ayant deux diametres & un quart ; le quatriéme s'appelloit Diaſtyle, où elles eſtoient un peu élargies, & où l'en-trecolonnement eſtoit de trois diametres ; & le cinquiéme s'ap-pelloit Aræoſtyle où les Colonnes eſtoient beaucoup élargies, les entrecolonnemens eſtant de quatre diametres. Or on peut dire que ce ſixiéme adjouſté, eſt compoſé des deux genres extrémes : ſçavoir du Pycnoſtyle où les Colonnes ſont beaucoup ſerrées, & de l'Aræoſtyle où elles ſont beaucoup écartées ; & que cette diſpoſition de Colonnes qui ne peut paſſer pour abuſive que parce que les Anciens ne l'ont point pratiquée, peut eſtre miſe au nombre de pluſieurs autres choſes de meſme nature que l'uſage a autoriſées, & dont il a eſté parlé au commencement de ce Chapitre.

Le quatriéme abus eſt d'élargir les Metopes dans l'Ordre Do-rique, pour donner aux entrecolonnemens les largeurs dont on a beſoin. Car par exemple ſi l'on veut accoupler deux Colonnes, il faut neceſſairement écarter les Triglyphes & élargir la Metope ; l'eſpace qu'il y a du milieu d'un Triglyphe au milieu d'un autre, eſtant beaucoup plus petit que n'eſt celuy qu'il y a du milieu d'une Colonne au milieu d'une autre, quelques proches qu'elles puiſſent eſtre. Or les Anciens auroient eu un grand ſcrupule de

faire

faire cet élargissement. Vitruve dit que Pytheus & Tarchesius, Ch.VIII.
deux celebres Architectes de l'Antiquité, par cette raison
ne croyoient pas que cet Ordre pust estre employé pour les
Temples. Hermogene qui en d'autres rencontres s'estoit dispen-
sé des anciennes regles, ne put jamais se resoudre à prendre aucune licence dans l'Ordre Dorique, lors qu'ayant fait un grand
amas de marbre, pour bastir un Temple à Bacchus, il quitta le
dessein qu'il avoit de le faire d'Ordre Dorique, & le fit d'Ordre
Ionique. Les Modernes sont plus hardis ; Palladio dans le Palais
du Comte Valerio dont il a déja esté parlé, a élargi les Metopes
dans un Portique à l'entrecolonnement du milieu, pour le rendre un peu plus large que les autres entrecolonnemens qui ont
deux Triglyphes ; & il a fait cet élargissement sans autre necessité & sans autre raison, que de ne vouloir pas élargir son entrecolonnement du milieu, autant qu'il auroit falu pour y mettre trois Triglyphes : ce qui pourtant auroit dû estre fait suivant
les regles que Vitruve donne pour les Portiques d'Ordre Dorique, où l'on mettoit trois Triglyphes à l'entrecolonnement du
milieu, quoique les autres entrecolonnemens n'en eussent qu'un.
Le sçavant Architecte du Portail de saint Gervais, qui est un des
plus beaux Edifices qui ayent esté bastis depuis cent ans, n'a
point fait aussi difficulté pour pouvoir accoupler ses Colonnes,
d'élargir les Metopes dans le premier Ordre qui est Dorique. Au
Portail des Minimes de la Place Royale, dans un Ordre Dorique, il y a encore d'autres licences, comme de mettre des demy
Triglyphes dans des angles rentrans ; à l'exemple de Palladio
qui la fait dans le mesme Palais du Comte Valerio.

Le cinquiéme abus est de supprimer dans le Chapiteau Ionique moderne, la partie inferieure du Tailloir, que quelques-
uns appellent l'écorce, qui est ce qui fait la Volute dans le Chapiteau Ionique Ancien, & qui fait la partie inferieure du Tailloir au Chapiteau Composite, & qui aussi, à ce que je croy, la
devroit faire dans l'Ionique moderne. Car cette partie estant
supprimée, il ne reste que la partie superieure qui est un Talon :
de maniere que ce Tailloir est mince comme une Tuyle ; &
comme il ne pose que sur la partie convexe des quatre Volutes,
qu'il ne touche qu'en quatre points, cela produit un fort mauvais effet ; parce qu'il paroist avoir une fragilité qui fait peine à
la vûë. Aux Chapiteaux du Temple de la Concorde & de celuy
de la Fortune Virile, qui sont les modeles sur lesquels on a formé le Chapiteau Ionique moderne, il y a bien un Tailloir qui
ne consiste aussi que dans un seul Talon : mais ce Talon quoique

G g

CH.VIII. mince , n'a point cette apparence de fragilité , parce qu'il n'appuye pas fur la convexité des Volutes , ces Volutes ne fortant
pas du Vafe , mais paffant tout droit deffus , ainfi qu'à l'Ionique
Antique : de maniere que ce Tailloir tout mince qu'il eft n'a
rien de choquant, eftant par tout également appuyé ; ce qui n'eft
pas dans le Chapiteau dont il s'agit , où il y a un grand efpace
vuide entre le Tailloir & le Vafe. La bonne maniere à mon avis,
feroit de laiffer le Tailloir tout entier , ainfi qu'il eft dans l'Antique aux Chapiteaux Compofites , où les Volutes fortent du
Vafe & penetrent la partie inferieure du Tailloir. Et c'eft ce que
Palladio a fait dans le Chapiteau qu'il a deffiné , & qu'il donne
pour celuy du Temple de la Concorde , dans lequel parce que
les Volutes rentrent dans le Vafe , il a fait le Tailloir entier , &
pareil à celuy du Chapiteau Compofite de l'Arc de Titus , où les
Volutes entrent dans le Vafe. Car il n'y a point de raifon de
n'avoir pas imité cette particularité du Tailloir des Chapiteaux
Compofites Antiques , puifque c'eft fur leur modele que tout le
refte du Chapiteau Ionique moderne a efté pris. Et c'eft dans le
manque de cette imitation que l'abus confifte.

Le fixiéme abus eft de faire un grand Ordre , comprenant
plufieurs étages , au lieu de donner un Ordre à chaque étage ,
ainfi que faifoient les Anciens : & il y a apparence que cette
licence eft fondée fur l'imitation des Cours des Anciens appellées
Cava ædium , & principalement de celles qu'ils nommoient
Corinthiennes , où l'Entablement des baftimens qui les entou-
roient eftoient foûtenuës par des Colonnes qui alloient depuis
le bas jufqu'au haut , & comprenoient plufieurs étages ; la
difference qui eftoit entre ces Cours Corinthiennes & nos baftimens à grand Ordre , eftant feulement en ce que les Colonnes
aux Cours Corinthiennes eftoient quelque peu éloignées du mur,
pour foûtenir la Saillie de l'Entablement qui fervoit comme
d'auvent , & que nos Colonnes font à demy engagées dans le
mur, & que mefme le plus fouvent au lieu de Colonnes nous ne
mettons que des Pillaftres. Or l'abus eft dans l'affectation d'un
grand Ordre , qui ne convient pas à toutes fortes d'Edifices ;
parce que de mefme qu'un grand Ordre fait la majefté des
Temples, des Theatres, des Portiques, des Periftyles, des Salons,
des Veftibules, des Chapelles & des autres baftimens qui fouf-
frent , ou mefme qui demandent un grand exhauffement ; on
peut dire que cette maniere d'enfermer plufieurs étages dans un
grand Ordre , a tout au contraire quelque chofe de chetif & de
pauvre , comme reprefentant un grand Palais demy ruiné &

abandonné, dans lequel des particuliers se seroient voulu loger, Cʜ.VIII.
& qui trouvant que de grands appartemens & beaucoup exhauf-
sez ne leur sont pas commodes, ou qui voulant menager la place,
y auroient fait faire des entresoles.

Ce n'est pas que cela ne puisse estre permis quelquefois dans
les grands Palais, mais il faut que l'Architecte ait l'adresse de
trouver un pretexte à ce grand Ordre, & qu'il paroisse qu'il y a
esté obligé par la symmetrie qui demande qu'un grand Ordre
qui est necessaire à quelque partie considerable de l'Edifice, soit
continué & regne dans le reste du bastiment. Cela a esté pratiqué avec beaucoup de jugement en plusieurs Edifices, mais
principalement dans le Palais du Louvre, lequel estant basti sur
le bord d'un grand fleuve, qui donne une espace & un éloignement fort vaste à son aspect, avoit besoin pour ne paroistre pas
chetif d'avoir un grand Ordre. Celuy qu'on luy a donné qui
comprend deux étages, & qui est posé sur l'étage d'embas qui
luy sert comme de Piedestail, & qui est proprement le rempart
du Chasteau, est ainsi exhaussé à cause de deux grands & magni-
fiques Portiques, qui regnent le long de la principale face à
l'entrée du Palais, & qui estant comme pour servir de Vestibule
à tous les appartemens du premier étage, demandoit cette grandeur & cette hauteur extraordinaire que l'on a donnée à son
Ordre, qu'il a falu poursuivre & faire regner ensuite tout au
tour du reste de l'Edifice: Car cela autorise ou du moins excuse
l'incongruité que l'on auroit pû objecter à l'Architecte, s'il
avoit fait sans necessité une chose qui d'elle mesme est sans
raison : sçavoir, de ne donner pas à chaque étage qui est proprement un bastiment separé, son Ordre propre & separé, &
de faire servir une mesme Colonne à porter deux planchers,
supposant qu'elle en soûtient un par maniere de dire sur sa teste,
& un autre comme pendu à sa ceinture. Car la longueur de
l'aspect ne peut estre toute seule une raison suffisante d'élever
un bastiment qui de sa nature doit estre bas, non plus que la
grandeur d'un Theatre n'oblige point à faire ses degrez, ses
sieges, ses ballustrades, & appuis avec plus de hauteur, comme
Vitruve l'a remarqué.

Le septiéme abus est de se gesner pour donner beaucoup d'exhaussement à un édifice à proportion qu'il a beaucoup de largeur, par la fausse persuasion dans laquelle on est, que cette pre-
tenduë proportion doit estre la principale regle, quoy qu'elle
soit contraire à une maxime de Vitruve qui est sans comparaison
plus importante : sçavoir, que les grandeurs dans les édifices

Ch. VIII. doivent eſtre reglées par la commodité que leur uſage demande
Car qui a t-il de moins raiſonnable lorſqu'on a beſoin d'une
grande cour dans laquelle on eſt obligé de donner une grande
largeur aux baſtimens, que de leur vouloir faire avoir le double
de la hauteur qui leur eſt neceſſaire, en augmentant le nombre
& la hauteur des étages, que l'on rend incommodes ſans leur
faire avoir aucune beauté, puiſqu'elle ne ſçauroit ſe rencontrer
dans les choſes où la grandeur produit une incommodité viſible?
Il faut donc demeurer d'accord, que les grands & larges baſtimens ne demandent point une grande hauteur que quand ils en
ſont capables, & qu'ils la requierent, comme les Temples, les
Theatres & les autres édifices de cette eſpece. Car bien qu'il ſoit
vray que les grands exhauſſemens contribuent beaucoup à la
majeſté & à la beauté de l'Architecture; il eſt de la prudence de
l'Architecte de trouver & de choiſir des pretextes raiſonnables,
pour faire avoir ces exhauſſemens à ceux qui ne la ſouffrent pas
deux meſmes, tels que ſont les baſtimens deſtinez à l'habita-
tion : & pour cet effet, il faut trouver moyen d'élever quelque
grand Veſtibule, ou quelque grande Chapelle, qui paroiſſant au
deſſus des appartemens, donne l'exhauſſement à l'édifice dans
les parties auſquelles il convient. Et c'eſt ce qui a eſté fort bien
pratiqué dans l'Eſcurial, qui eſtant compoſé de pluſieurs baſtimens d'une large étenduë, & qui n'ont que peu de hauteur,
eſtant proportionnez à des uſages qui ne le requierent pas ; a en
ſon milieu une grande & haute Chapelle, qui s'éleve avec beaucoup de grace, comme une teſte au deſſus des épaules de ce
grand corps. Car il ne faut point dire, que cet exemple de l'Eſcurial compoſé d'un Convent, & d'un Palais, ne ſçauroit ſervir
pour les ſimples Palais ; puis qu'il n'y a point d'inconvenient de
faire dans les grands Palais des Chapelles ainſi élevées, remarquables & ſeparées des appartemens ; cela ayant de tout temps
eſté pratiqué avec beaucoup de raiſon & de bienſeance dans les
anciens Chaſteaux, où la Chapelle n'eſtoit jamais dans une cham-
bre ny dans une ſale, ainſi qu'on les a faites depuis peu, mais
à part avec ſa forme de Chapelle.

    Le huitiéme abus eſt celuy dont il a eſté parlé au ſecond Cha-
pitre de cette ſeconde Partie, qui eſt de l'Ordre Dorique : il
conſiſte en ce que quelques-uns des modernes contre la pratique ordinaire des Anciens, font joindre le Plinthe de la Baſe
de la Colonne avec l'extremité de la Corniche du Piedeſtail,
en maniere de Congé, ce qui ſupprime en effet cette partie
eſſentielle de la Baſe, & la fait paroiſtre plûtoſt une partie de la
Corniche

Corniche du Piedeſtail qu'une partie de la Baſe de la Colonne.

Le neuviéme abus qui a quelque rapport avec le premier, qui conſiſte dans la penetration de deux Colonnes ou de deux Pillaſtres, eſt de faire ce que l'on appelle une Corniche Architravée, en confondant l'Architrave & la Friſe avec la Corniche. Cela ſe fait lorſqu'on n'a pas aſſez de place pour un Entablement complet. L'abus conſiſte en ce qu'on veut faire paſſer pour un Ordre ce qui ne l'eſt point : car il vaudroit mieux ne point faire d'Ordre & ſupprimer les Colonnes & les Pillaſtres. Ou ſi cet Entablement qu'on eſt obligé de faire écraſé à cauſe du peu de place que l'on a, doit avoir une Saillie qui demande d'eſtre ſoûtenuë par quelque choſe d'Iſolé, il faudroit y mettre des Cariatides, des Thermes ou de grandes Conſoles, & non des Colonnes qui dans la regularité dont il s'agit icy, demandent toûjours un couronnement compoſé de ſes trois parties diſtinctes les unes des autres.

Le dixiéme abus eſt d'interrompre l'Entablement d'un Ordre, & faire aller la Corniche du Fronton de maniere qu'elle monte d'audeſſus d'une Colonne, d'un Pillaſtre ou d'un Piedroit, au droit duquel l'Entablement eſt interrompu, pour redeſcendre ſur l'autre endroit où l'Entablement recommence, ſans qu'il y ait d'Architrave, de Friſe ny de Corniche qui traverſe au deſſous. Cette maniere eſt tout à fait contre les principes de l'Architecture, qui ſelon les preceptes de Vitruve & la pratique de tous les bons Maîtres, dans ce qui appartient aux Entablemens & aux Frontons, ſe regle par l'imitation des ouvrages de charpenterie, ſuppoſant qu'un Fronton eſt comme une Ferme compoſée de trois parties : ſçavoir, de deux Forces qui ſont repreſentées par les deux Corniches du Fronton, qui s'élevent pour ſe rencontrer & s'appuyer l'une contre l'autre, & d'un tirant repreſenté par l'Entablement qui paſſe par deſſous : car de meſme qu'une Ferme ne peut ſubſiſter ſi on luy oſte l'une de ces trois parties, un Fronton doit auſſi paroiſtre tout à fait defectueux ſi quelqu'une luy manque : Et ſi Palladio a eu raiſon de reprendre la maniere de couper le haut des Frontons, parce que c'eſt oſter aux Forces que cette partie coupée repreſente, leur principal uſage en les empeſchant d'eſtre appuyées par les bouts d'enhaut l'une contre l'autre ; il n'y a pas moins à blaſmer les Architectes qui interrompent l'Entablement qui doit paſſer ſous un Fronton, puis qu'ils oſtent ce qui repreſente le tirant qui doit affermir les Forces par les bouts d'embas, & les empeſcher de s'écarter.

H h

CH.VIII. Il y a encore quelques autres abus de moindre importance, comme de faire profiler des impoftes contre des Colonnes ; de faire qu'elles ayent plus de Saillie que le Pillaftre contre lequel elles fe profilent, ainfi qu'il s'en voit à faint Pierre de Rome ; de faire que la Corniche du haut d'un étage ferve d'appuy à une terraffe ou aux feneftres d'un autre étage qui eft au deffus ; de continuer la plattebande de l'appuy des feneftres, de maniere qu'elle faffe une ceinture au baftiment ; de recouper les coins des chambranles & leur faire faire comme des oreillons ; il s'en voit d'une maniere tres-defagreable dans Scamozzi ; de mettre aux coftez des portes & des feneftres fous les Corniches qui les couvrent, des Confoles qui ne foûtiennent point ces Corniches, la bonne maniere eftant de faire avancer en Saillie au droit de la Confole les moulures qui font au deffous du Larmier : car l'on peut dire que cet abus n'eft pas moins à reprendre que celuy des Cartouches que Palladio blafme tant ; n'y ayant pas plus de raifon de trouver mauvais qu'on employe des cartouches à foûtenir quelque chofe, parce qu'elles ne font pas capables de le faire, que de vouloir que des Confoles qui font faites pour foûtenir, ne foûtiennent rien.

Palladio deffine des Confoles au Temple de la Fortune Virile, & à celuy de Nifmes appellé la Maifon quarrée lefquelles foûtiennent immediatement le Larmier. Mais la maniere dont on les fait à prefent, a quelque chofe d'élegant qui n'eft point dans celles de l'Antique, dont Vitruve a donné les proportions qui font les mefmes qui fe trouvent dans les Confoles du Temple de la Fortune Virile : car ces Confoles de l'Antique font étroites & plattes, n'ayant point les circonvolutions fpirales de leurs Volutes faillantes, & femblables à celles des Volutes des Chapiteaux Compofites Antiques, comme les ont celles que l'on fait à prefent. Il y a de ces Confoles felon l'Antique, au beau Portique l'excellent Architecte Mr. Mercier a bafti à l'Eglife de la Sorbonne du cofté de la Cour, qui ne font point un bon effet. Et cela confirme ce qui a efté dit au commencement de ce Chapitre, fçavoir, qu'il y a des chofes dans l'Architecture que l'on peut appeller abufives, parce qu'elles ne font pas conformes aux regles des Anciens, mais qui ne laiffent pas d'eftre fort bonnes, & qui peuvent fans fcrupule eftre mifes en ufage.

Je trouve encore un exemple de cela dans les Rofes que l'on met entre les Modillons au Soffite du Larmier de la Corniche Corinthienne. Ces Rofes dans l'Antique font ordinairement de differente maniere : mais je croy qu'on ne doit pas blafmer

la licence que prennent ceux qui les font toutes pareilles, à **Ch. VIII.**
l'exemple de celles qui font aux Thermes de Diocletien. La raison
est qu'on doit faire distinction entre les choses que la Sculpture
& la Peinture representent pour servir d'ornemens, & celles
qu'elles representent historiquement, comme contenant des
faits & des veritez. Car il faut que les premieres soient repetées
& recommencées toûjours d'une mesme façon, & que les autres
soient diversifiées : Par exemple si l'on represente la Platebande
d'un Parterre, elle peut estre garnie de plusieurs sortes de fleurs
dans des attitudes differentes ; parce que la chose est effectivement ainsi dans la verité. Mais si l'on veut orner un membre
d'Architecture de feüillages ou de fleurs, il faut non seulement
repeter toûjours les mesmes feüillages & les mesmes fleurs, mais
ces choses doivent estre d'une mesme grandeur & d'une mesme
attitude ; cette partie & cette repetition d'une mesme chose
faisant une partie de la symmetrie, dans laquelle consiste une
des principales beautez de l'Architecture & de la Sculpture,
quand il s'agit d'ornemens. Et il ne sert de rien de dire que les
Roses dont il s'agit sont des ornemens d'une autre espece, que
ne sont ceux que l'on fait aller le long d'une Plattebande, d'un
Talon ou d'une Doucine ; & que ces Roses estant separées les
unes des autres, c'est assez pour la symmetrie qu'elles soient toutes d'une mesme grandeur : car il n'y a pas plus de raison de
faire ces Roses differentes qu'il y en auroit à diversifier les
Modillons, qui bien que tous d'une mesme grandeur ne seroient
pas supportables si on les faisoit de figures differentes, n'y ayant
personne qui pût approuver que dans une suite de Modillons,
les uns fussent à feüilles d'Olivier, les autres à feüilles d'Acanthe,
les autres ayant des Aigles, les autres des Daufins à la place
des feüilles, ainsi qu'on en voit à des bastimens differens dans
l'Antique.

Quoique parmy les reflexions qui sont faites dans ce Chapitre sur les abus nouvellement introduits dans l'Architecture, il
s'en trouve quelques unes qui n'appartiennent pas bien precisément au sujet de ce traité, qui est de l'Ordonnance des Colonnes ;
je n'ay pas crû neanmoins les devoir retrancher, parce qu'elles
m'ont paru assez importantes pour ne pas laisser passer l'occasion
qui s'est presentée d'en parler, quoy qu'elle soit un peu indirecte,
dans l'esperance que l'on considerera cette licence comme un
de ces abus, qui bien que contre les regles, ne laissent pas
de s'autoriser, parce qu'ils ont d'ailleurs des utilitez considerables.

Ch. VIII.   Pour conclure ce traité, je reitereray les proteſtations que j'ay déja faites dans la Preface : ſçavoir, que je n'entens point que les Paradoxes que j'ay avancez, ſoient conſiderez comme des opinions que je veuille ſoûtenir opiniatrément, eſtant preſt de les abandonner, quand je ſeray mieux éclaircy de la verité, ſuppoſé que je me ſois trompé. Sur tout à l'égard des choſes que j'ay qualifiées abuſives, je declare que toutes les raiſons que j'ay employées pour les faire condamner comme telles, ne me ſemblent pas aſſez fortes pour me faire croire qu'elles le puiſſent emporter ſur l'autorité des grands Perſonnages qui les ont approuvées & établies : j'ay cru ſeulement que la veneration & le reſpect que j'ay pour eux, ne me devoit pas empeſcher de traiter ces queſtions comme des Problemes, ſur leſquels je ſoûhaitterois avoir les déciſions des Sçavans qui voudront en juger de bonne foy & ſans prevention.

F I N.